ASP.NET Web 应用程序设计与开发实训指导

主　编　王晓红
副主编　郭力娜　田桂娥

武汉大学出版社

图书在版编目(CIP)数据

ASP.NET Web 应用程序设计与开发实训指导/王晓红主编.—武汉:武汉大学出版社,2014.12
ISBN 978-7-307-12502-5

Ⅰ.A…　Ⅱ.王…　Ⅲ.网页制作工具—程序设计　Ⅳ.TP393.092

中国版本图书馆 CIP 数据核字(2015)第 005285 号

责任编辑:鲍　玲　　责任校对:汪欣怡　　版式设计:马　佳

出版:**武汉大学出版社**　(430072　武昌　珞珈山)
　　　(电子邮件:cbs22@whu.edu.cn 网址:www.wdp.com.cn)
印刷:湖北金海印务有限公司
开本:787×1092　1/16　印张:8　字数:200 千字　插页:1
版次:2014 年 12 月第 1 版　　2014 年 12 月第 1 次印刷
ISBN 978-7-307-12502-5　　定价:19.00 元

版权所有,不得翻印;凡购买我社的图书,如有质量问题,请与当地图书销售部门联系调换。

前 言

ASP.NET 是目前最流行的 Web 开发技术。本书从 Web 网站设计入手，以实际开发需求为导向，通过具体项目循序渐进地引导读者快速、牢固地掌握 ASP.NET 网站开发的方法与技巧。

本实训教材作为教材《ASP.NET Web 应用程序设计与开发》的配套上机实验指导教材，精心设计了一个待开发 Web 网站程序，把分散的知识点系统地整合起来。这些内容几乎涵盖了 ASP.NET 的大部分知识点。通过本书各项任务的学习，初学者也能够掌握创建开发一个实用网站的方法与技术。

本书的具体章节内容安排如下：

第 1 章，创建第一个主页：使用 Visual Studio 开发平台创建网站，练习如何添加新的项目和项目之间的引用，如何配置 Web.config 文件。

第 2 章，HTML 基础：练习如何制作静态的个人主页，介绍 HTML 常用标签在页面中的使用。

第 3 章，页面设计与布局：练习 CSS 层叠样式与<table>标签、<div>标签配合使用，进行页面布局与设计，练习如何编写 .css 文件以及如何将已有的 .css 文件引入到程序中。

第 4 章，ASP.NET 标准服务器控件：练习常用的标准控件的使用，并使用恰当的控件填充实训项目页面，完成页面设计及控件布局。

第 5 章，Web 请求、响应与状态管理：练习使用 Request、Response 在页面跳转过程中传递参数以及在目标页面获取参数的技术，练习使用 Session 对象保持页面状态的方法。

第 6 章，验证控件：结合实训项目练习数据的非空验证、表达式数据验证、数据比较验证。

第 7 章，数据源与数据服务器控件：结合项目实际，使用 SqlDataSource 数据源控件读取数据到 DropDownList 和 GridView 数据服务器控件中。

第 8 章，ADO.NET 数据访问：采用三层架构的方式设计实训项目的整体架构并完成了实体类的初始化，以及一个实体类的全部业务流程。

第 9 章，数据绑定：结合项目练习复杂数据绑定以及如何绑定到数据库等技术。

第 10 章，网站导航：主要练习使用站点地图与 Menu 导航控件实现实训项目中首页"友情链接"的导航功能。对于 TreeView 控件，使用绑定到数据库的方式实现导航功能。

第 11 章，ASP.NET AJAX 实训：结合项目实际，使用 ScriptManager 控件以及 UpdatePanel 控件完善项目中页面局部刷新的功能。

为了便于读者理解实训项目的数据操作，本书最后在附录中列出了数据库设计的关系表。本书可作为本科院校 Web 应用程序设计与开发课程的上机指导用书，也可以作为 Web 软件开发人员以及希望从事该专业的人员的参考用书。

本书是由河北联合大学王晓红任主编，郭力娜、田桂娥任副主编，最后由王晓红、田桂娥对全书进行统稿、修改和定稿。其中,王晓红编写了第 1 章、第 3 章至第 11 章,郭力娜、田桂娥共同完成了第 2 章。参与本书资料整理的还有程文生、陈辉等人。

本书在编写过程中得到了河北联合大学矿业工程学院地理信息系各位老师的支持与帮助,同时在编写过程中参考了相关文献,在此向这些文献作者以及各位同事、朋友深表感谢。由于编写水平有限,书中不足之处在所难免,敬请广大读者、同仁批评指正。

作 者

2014 年 9 月

目 录

第1章 创建第一个主页 ... 1
- 任务 1-1 创建 Web 网站 ... 1
- 任务 1-2 向项目中添加页面和文件夹 ... 9
- 任务 1-3 添加文件夹及其他文件 ... 11
- 任务 1-4 添加类库及引用 ... 12
- 任务 1-5 配置 Web.config 文件 ... 15
- 练习 1 ... 16

第2章 HTML 基础 ... 18
- 任务 2-1 制作静态的个人主页网页 ... 18
- 任务 2-2 使用 HTML 有序和无序排列标签制作书籍目录 ... 19
- 任务 2-3 锚标签的使用 ... 22
- 任务 2-4 图像标签的使用 ... 26
- 练习 2 ... 28

第3章 页面设计与布局 ... 29
- 任务 3-1 使用 CSS 与<div>标签进行页面设计与布局 ... 29
- 任务 3-2 使用 CSS 与<table>标签进行页面设计与布局 ... 35
- 任务 3-3 创建 CSS 样式表文件 ... 37
- 任务 3-4 应用 CSS 文件 ... 39
- 练习 3 ... 39

第4章 ASP.NET 标准服务器控件 ... 40
- 任务 4-1 按钮类服务器控件的使用 ... 40
- 任务 4-2 文本类控件的使用 ... 42
- 任务 4-3 选择服务器控件的使用 ... 43
- 任务 4-4 Image 图像与超链接服务器控件的使用 ... 46
- 练习 4 ... 48

第5章 Web 请求、响应与状态管理 ... 50
- 任务 5-1 Response 对象页面跳转 ... 50
- 任务 5-2 Response 对象传递参数 ... 51
- 任务 5-3 Request 对象获取页面参数值 ... 53
- 任务 5-4 Session 对象的使用 ... 54

任务 5-5　Application 对象的使用 …………………………………………………… 57
练习 5 ……………………………………………………………………………………… 58

第 6 章　验证控件

任务 6-1　数据的非空验证 …………………………………………………………… 59
任务 6-2　表达式数据验证 …………………………………………………………… 61
任务 6-3　数据比较验证 ……………………………………………………………… 64
练习 6 ……………………………………………………………………………………… 64

第 7 章　数据源与数据服务器控件

任务 7-1　从数据库中读取部门名称和专业名称 …………………………………… 65
任务 7-2　完成首页日志文章列表的读取与显示 …………………………………… 69
练习 7 ……………………………………………………………………………………… 73

第 8 章　ADO.NET 数据访问

任务 8-1　数据访问层的创建及数据访问 …………………………………………… 75
任务 8-2　创建业务逻辑层并添加对数据层的引用 ………………………………… 78
任务 8-3　使用 SqlDataReader 读取数据 …………………………………………… 83
任务 8-4　使用 ExecuteNonQuery 方法执行数据插入 ……………………………… 88
任务 8-5　个人主页的数据显示 ……………………………………………………… 89
任务 8-6　数据修改和删除及参数对象使用 ………………………………………… 92
任务 8-7　ExecuteScalar 方法的使用 ………………………………………………… 94
练习 8 ……………………………………………………………………………………… 101

第 9 章　数据绑定

任务 9-1　ListBox 数据绑定 …………………………………………………………… 102
任务 9-2　DropDownList 控件与 Repeater 控件数据绑定 ………………………… 104
练习 9 ……………………………………………………………………………………… 108

第 10 章　网站导航

任务 10-1　SiteMapPath、SiteMapDataSource 与 Menu 控件的使用 …………… 110
任务 10-2　TreeView 控件绑定到数据库实现导航功能 …………………………… 112
练习 10 …………………………………………………………………………………… 114

第 11 章　ASP.NET AJAX 实训

任务 11-1　使用 AJAX 完善注册页面 ……………………………………………… 115
任务 11-2　使用触发器控制页面的局部刷新 ……………………………………… 116
练习 11 …………………………………………………………………………………… 117

附录　实训项目 SQL Server 数据库表格结构与说明 ……………………………… 118

参考文献 ………………………………………………………………………………… 120

第1章 创建第一个主页

本章实训主要对应教材的"第1章 ASP.NET程序开发概述"。在教材中本章主要介绍了ASP.NET的基础知识,并详细介绍了IIS服务的配置,以及在Visual Studio中创建Web应用程序的一般过程。本实训运用所学知识,通过实战创建一个网站,并针对创建过程中遇到的知识点进行补充。

本章实训任务:
- 创建Web网站;
- 向网站项目中添加页面、文件夹;
- 向网站项目中添加类库与引用类库;
- 编写Web.config页面。

任务1-1 创建Web网站

(1)启动Visual Studio 2010,出现如图1-1所示的界面。

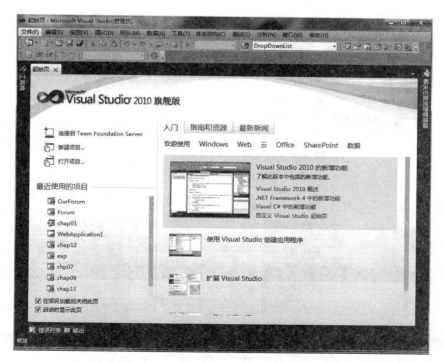

图1-1 Visual Studio开发平台启动界面

1

(2)单击主界面左上角"文件"中"新建"菜单项中的"项目",如图 1-2 所示。选择"项目"命令后,弹出如图 1-3 所示的对话框。

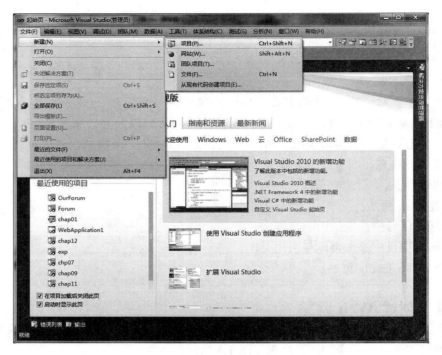

图 1-2 选择"新建"菜单中的项目

图 1-3 "新建项目"对话框

(3)在"新建项目"对话框的左侧列表"最近的模板"中的"其他项目类型"节点下选择"Visual Studio 解决方案"(图 1-4),在右侧窗口中选择". NET Framework 4"。在"名称"文本框中输入解决方案的名称,"位置"文本框右侧单击"浏览"按钮,选择解决方案要存储的路径，然后单击"确定"按钮，显示如图 1-5 所示的界面。在新创建的解决方案中并不包含网站项目。

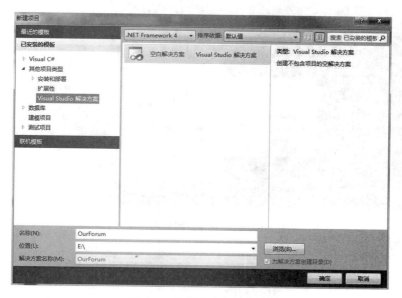

图 1-4　选择空白解决方案

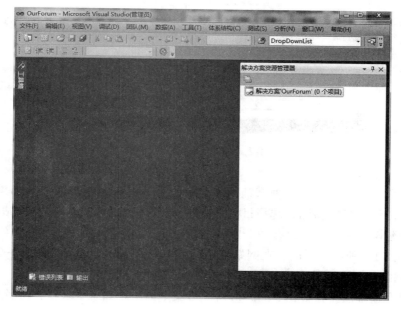

图 1-5　空白解决方案

（4）在新创建的空白解决方案中，鼠标右击解决方案名称，如图 1-6 所示，在弹出的菜单中选择"添加"｜"新建项目"，弹出如图 1-7 所示的"添加新项目"对话框。

（5）在"添加新项目"对话框中，左侧 Visual C#节点下选择 Web 项，右侧窗口首先在下拉菜单中选择". NET Framework 4"，然后选择"ASP. NET Web 应用程序"。在"名称"文本框

图 1-6　从解决方案添加新建项目

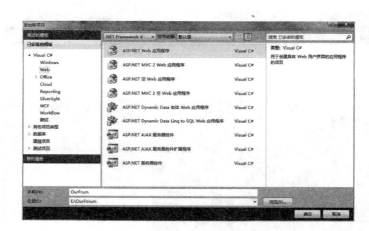

图 1-7　"添加新项目"对话框

中填写项目名称,在"位置"文本框默认状态与解决方案处于同一目录下。如果要更改此路径,可以单击右侧"浏览"按钮,选择目标路径即可。单击"确定"按钮添加网站成功。

(6) 在新建网站项目中,会有一个默认的"Default.aspx"页面,该文件已经默认添加了测试信息,如图 1-8 所示。同时,在网站中还生成了一个 Web.config 文件、一个 Global.asax 文件和一个空的 App_code 文件夹以及一些引用、脚本和样式文件。

(7) 按照上述方法,在 OurForum.sln 解决方案下面再添加一个项目,命名为"Test",如图 1-9 所示。

(8) 网站在运行前通常会先生成网站,查找程序是否有语法或结构错误。生成网站有两种选择,一是在"解决方案资源管理器"中,鼠标右键单击解决方案名称,在弹出的菜单中选择"生成解决方案",如果是项目修改后的解决方案,可以选择"重新生成解决方案",如图 1-10 所示。另外,也可以在菜单栏中选择"生成"|"生成解决方案",如图 1-11。

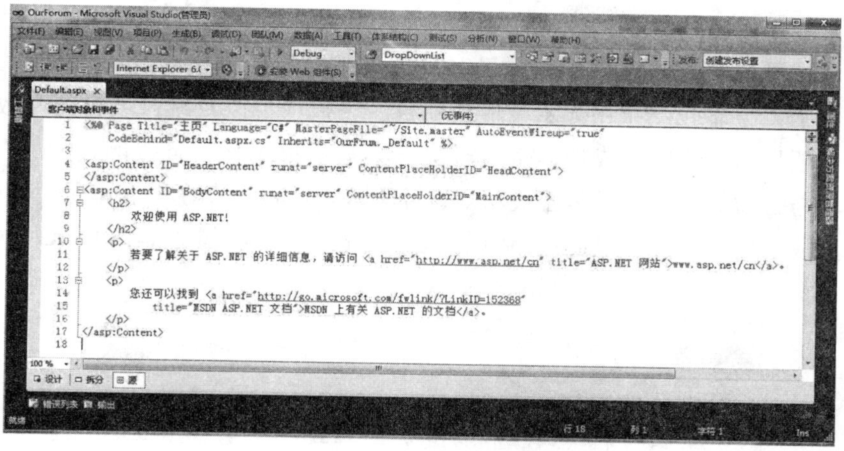

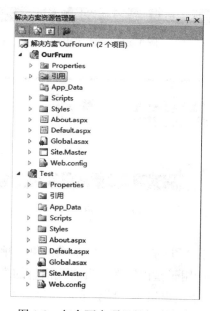

图 1-8　Default.aspx 文件代码

图 1-9　包含两个项目的解决方案

图 1-10　"解决方案资源管理器"中生成解决方案

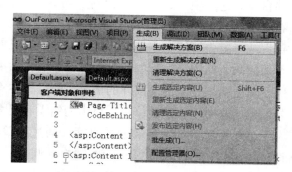

图 1-11　菜单栏中选择"生成解决方案"

"生成解决方案"启动后，能够在项目的左下角看到项目生成的过程，一般包括"就绪"、"已启动生成.."、"生成进度"显示和"生成成功"几个阶段。生成结束后可以从"输出"菜单栏中查看生成结果，如图 1-12 所示。如果"输出"栏不在界面中，可以从菜单的"视图"中选择"输出"进行查看。输出结果中显示了成功项目、失败项目以及跳过项目的个数。在这里，可以看到两个项目均已经生成成功。生成解决方案是项目编译和链接的过程，"输出"菜单中显示的成功与否指的就是编译是否成功，这并不代表项目不存在语法错误。如果想要查看项目中的语法或结构错误，可以通过"错误列表"菜单来查看，如图 1-13 所示。

图 1-12　输出菜单

图 1-13　空的错误列表

错误列表由"错误"、"警告"和"消息"3 部分组成，每一项中又包含"说明"、"文件"、"行"、"列"和"项目"。"说明"用于指出错误、警告或消息的类别和内容，"文件"用于指示发生在哪一个文件中，"行"用于指出错误、警告或消息发生在哪一行，"列"用于指出错误、警告或消息发生在哪一列，"项目"用于指出错误、警告或消息发生在哪一个项目中，如果项目没有这三项中的任何一种则该列表为空。图 1-14 表示的是一个有"警告"的消息列表，在下面的表格中列出了警告对应的类型、文件、行、列和项目。通常，在一个项目中，一个错误或者警告可能会连带引起其他行的错误或者警告。例如，在这里显示了 4 个警告，其主要原因是表格中第一行的警告内容引起的，如果修正了第一条警告，其余 3 条警告会自动消除，对于错误也会出现同样的情况。所以，在查看错误列表的时候注意找到主要的错误或警告信息，这对于快速地修正项目中的错误有很大帮助。

（9）设置启动项目和起始页面。通过菜单栏中的"调试"｜"启动调试"命令可以启动调试项目（图 1-15）或者通过 F5 键启动调试，在浏览器中查看页面运行效果。启动程序是有一定顺序的，如果一个解决方案中只有一个网站项目，启动调试的时候就会自动选择该项目，但是如果在解决方案中有多个项目，那么就首先要选择需要查看的项目。其方

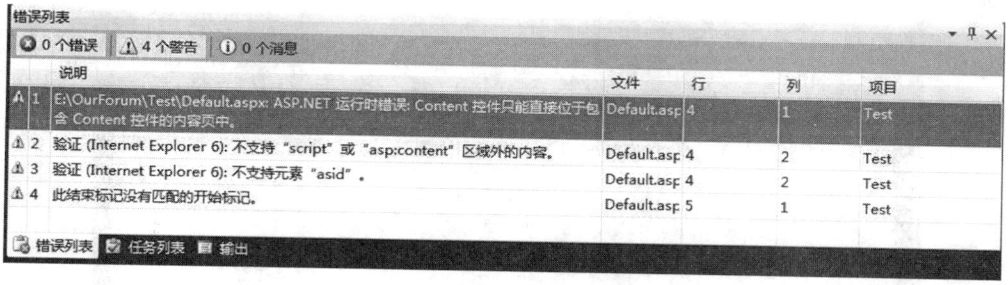

图 1-14　错误列表中的警告

法是在"解决方案资源管理器"中,选择要在浏览器中查看的项目名称,并在鼠标右键菜单中选择"设为启动项目",如图 1-16 所示。有时候,根据需要往往还要指定调试起始页面,即程序入口是从哪一个.aspx 文件开始的。如果一个项目中包含较多的页面文件,设置启动调试的起始页面便于查看需要调试的页面。其方法是在"解决方案资源管理器"中,首先找到目标项目,然后找到要开始的页面,在鼠标右键菜单中选择"设为起始页"即可,如图 1-17 所示。

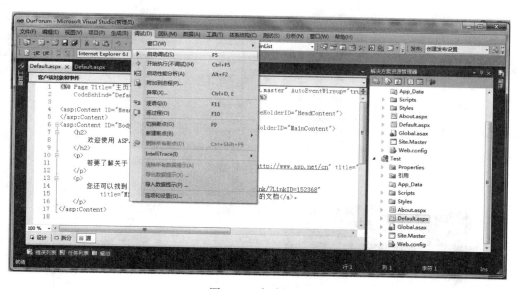

图 1-15　启动调试

在项目开发过程中,不需要调试程序,仅仅是在浏览器中查看一下页面效果,尤其是在制作前台页面的时候,更需要在浏览器中查看页面从而便于调整页面效果与布局。在浏览器中查看页面文件的方式有多种,这里介绍常用的两种:一种方法是在默认浏览器中查看启动项目。将鼠标光标置于页面文件的任何位置,右击鼠标,在弹出的菜单中选择"在浏览器中查看",如图 1-18 所示。另一种方法是在"解决方案管理器"中找到需要查看的页面文件,通过鼠标右键菜单,选择"在浏览器中查看"。此外,还可以通过菜单栏的"调试"下的"开始执行(不调试)"来查看页面。

图 1-16 设置启动项目

图 1-17 选择起始页

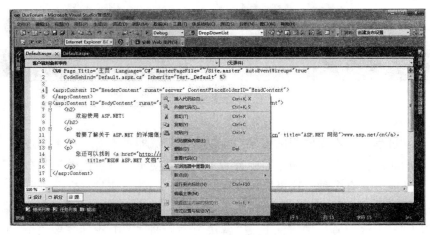

图 1-18 从页面文件中运行程序

（10）选择和改变浏览器。通常，对于一个页面的调整需要在不同的浏览器中查看页面效果，此时就需要选择不同的浏览器。方法是在"解决方案资源管理器"中，找到目标页面文件，然后通过鼠标右键菜单，选择"浏览方式"命令，如图 1-19 所示。弹出"浏览方式"对话框，在该对话框中可以设置默认浏览器、添加或移除浏览器，也可以选择临时浏览器，如图 1-20 所示。

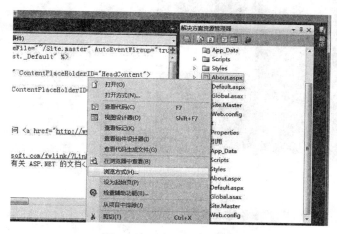

图 1-19　选择"浏览方式"

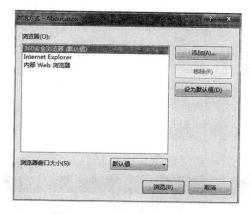

图 1-20　"浏览方式"对话框

通过以上步骤，就创建完成了一个 Web 站点，并学会了通过浏览器进行查看页面文件的过程。

任务 1-2　向项目中添加页面和文件夹

一个网站创建完成后，可能需要很多不同的页面来处理网站的信息，这就需要向网站中添加 Web 页面。

（1）右键单击需要添加 Web 页面的网站名称，选择"添加"｜"新建项"，如图 1-21 所示。单击后弹出如图 1-22 所示的"添加新项"对话框。

图 1-21 添加 Web 页面

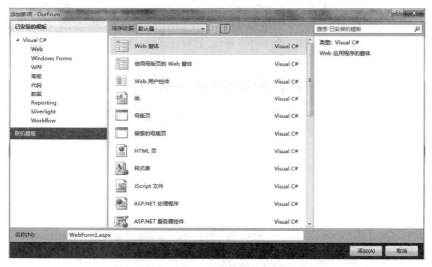

图 1-22 "添加新项"对话框

（2）在"添加新项"对话框中，在左侧"已安装的模板"列表下，选择"Visual C#"下面的 Web 项，然后在右侧列表框中选择"Web 窗体"，在"名称"文本框中输入页面文件的名称，例如，在我们的"大学生校内论坛"的项目中，需要一个个人详细信息的页面，不妨就命名为"PersonalInfo.aspx"，然后单击"添加"按钮，页面添加成功，如图 1-23 所示。

（3）在页面文件的第一行@ Page 指令中添加页面的标题，设置 Title 属性，代码如下：

<%@ Page Language = " C #" AutoEventWireup = " true" CodeBehind = "PersonalInfo. aspx. cs" Inherits = "OurFrum. PersonalInfo" Title = "个人信息" %>

（4）在浏览器中查看该页面，浏览器的标题栏会显示"个人信息"字样，如图 1-24 所示。

这样，就完成了向网站添加 Web 页面的过程。

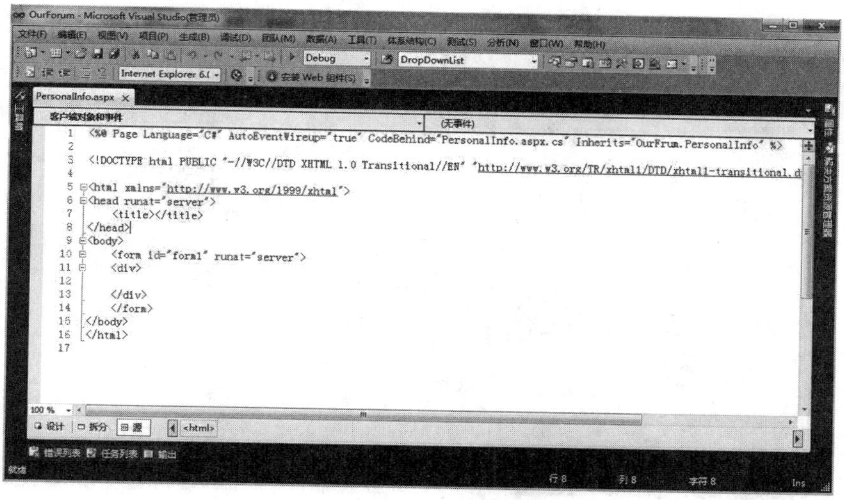

图 1-23　PersonalInfo 页面

图 1-24　在浏览器中查看 PersonalInfo 页面

任务 1-3　添加文件夹及其他文件

在一个网站项目中经常会将一类页面文件放在一个文件夹中以便于程序的管理和目录维护。例如，后台管理页面放在一个文件夹中。当然，文件夹中也可以存储其他程序需要的文件，如图片、样式文件等。

（1）右键单击项目名称，在弹出的菜单中选择"添加"|"新建文件夹"，如图 1-25 所示，点击"添加文件夹"命令，会在项目中添加名为"NewFolder1"的文件夹，可以通过"重命名"的方式，修改文件夹名称，如在项目中新建一个管理图片的文件夹 img。

（2）向 img 文件夹拷贝页面布局需要用到的一些图片。在其他路径复制图片后，在项目解决方案下右击项目中的 img 文件夹，在右键菜单项中选择"粘贴"，即可将图片文件拷贝到项目中，如图 1-26 所示。

（3）向文件夹中添加 Web 页面，其过程与向项目中添加 Web 页面的过程相同。通过右键菜单，选择"添加"|"新建项"，在弹出的"添加新项"菜单中，选择 Web 窗体即可。

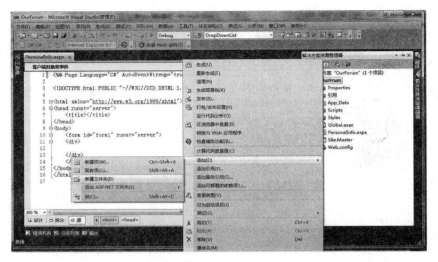

图 1-25　添加文件夹

图 1-26　向文件夹中拷贝图片文件

任务 1-4　添加类库及引用

项目中很多时候要开发者自定义类，为了更好地管理这些自定义类，可以将不同功能或性质的自定义类存储于类库中，下面介绍添加类库和引用类库。

（1）选择解决方案名称并右击，在右键菜单中选择"添加"｜"新建项目"，如图1-27所示。

（2）选择"新建项目"命令后，弹出"添加新项目"对话框，在已安装模板列表中，选择

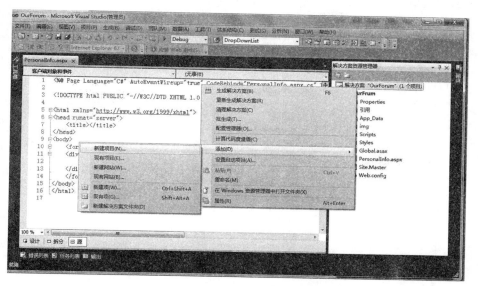

图 1-27 解决方案添加新建项目

"Visual C#"项，在右侧列表中选择"类库"项，在"名称"文本框中输入类库名，在"位置"文本框中选择默认与解决方案处于同一目录下，如图 1-28 所示，单击"确定"按钮。添加成功后，会在解决方案中显示该类库。该类库默认生成 properties、引用和.cs 文件，如图 1-29 所示。

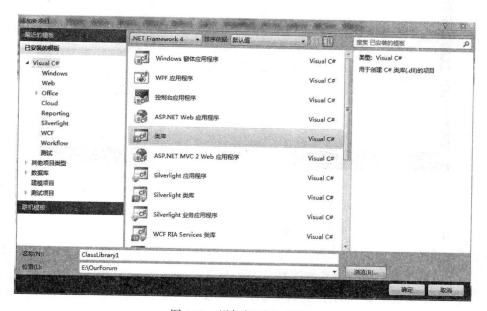

图 1-28 添加新项目对话框

（3）类库中的类不能被其他类库或者 Web 项目直接使用，要通过引用的方式添加到其他类库或者网站中。例如，在 Web 网站中引用刚刚添加的 customClass 类库，右击网站项目

13

名称，在右键菜单中选择"添加引用"，如图1-30所示。

图1-29 添加类库

图1-30 添加引用

（4）选择"添加引用"命令后，弹出"添加引用"对话框，如图1-31所示，在"项目"选项中选择需要添加到网站的项目名称，单击"确定"按钮。添加引用成功后，打开该项目的"引用"文件夹，可以查看已经引用到的项目，如图1-32所示。

对于类库项目之间的引用方法与此类似，值得注意的是，项目之间不能相互引用，如项目A引用了项目B，则项目B就不能再引用项目A，所以，在引用时应该先理清引用层次关系再添加引用。

（5）对于错误的引用，可以解除引用关系。打开"引用"文件夹，找到需要解除引用关系的项目名称，右键单击，在右键菜单中选择"移除"，如图1-33所示。

图 1-31 "添加引用"对话框

图 1-32 查看引用

图 1-33 移除引用

任务 1-5 配置 Web. config 文件

ASP. NET 资源的配置信息包含在一组配置文件中,每个文件都名为 Web. config。每个配置文件都包含 XML 标记和子标记的嵌套层次结构,这些标记都带有指定配置设置的属性。所有配置信息都驻留在<configuration>和</configuration>根 XML 标记之间。标记间的配置信息分为两个主区域:配置节处理程序声明区域和配置节设置区域。

配置节处理程序声明区域出现在配置文件顶部<configSections>和</configSections>标记之间。包含在<section>标记中的每个声明都指定提供特定配置数据集的节的名称和处理该节中配置数据的 .NET 框架类的名称。

配置节设置区域位于<configSections>区域之后,它包含实际的配置设置。<configSections>区域中的每个声明都有一个配置节。每个配置节都包含子标记,这些子标记带有包含该节设置的属性。

可以通过 Web. config 文件增强网络的安全性、连接数据库、控制用户访问页面的权限等。

(1) 使用 Web. config 文件设置网站的登录模式,如下列代码:

</system. web>

… …

<authentication mode = " Windows" ></authentication>

……

</system. web>

说明：ASP. NET 登录方式有多种，但是默认的是 Windows 方式，另外还有 Forms 方式、Passport 以及 None 登录方式。

（2）使用 Web. config 文件配置数据库连接。

<configuration>
　　<connectionStrings>
<add name = " xxx" connectionString = " Data Source = Zhangsan-PC；Initial Catalog = 数据库名称；Integrated Security = " True" providerName = " System. Data. SqlClient" />
　　</connectionStrings>
　　……
<system. web>
　　……
</system. web>
　　……
<configuration>

说明：在配置文件的 < system. web > 节前面配置数据库连接，数据库连接位于 <connectionString>节内添加标签<add />。各属性的意义分别为：name 为连接字符串的名称，可以自定义；connectionString 为连接字符串，Data Source 为需要连接的目标数据源即服务器名称，Initial Catalog 为目标数据库名称，Integrated Security 用于验证是否有效；providerName 为数据提供者名称。

（3）使用 Web. config 配置文件控制客户端对某些文件的访问，例如，在客户端不允许用户访问 img 文件夹，可以作如下声明：

<configuration>
　　<location path = " img" >
　　　　<system. web>
　　　　　<authentication>
　　　　　　<deny user = " ?" />
　　　　　</authentication>
　　　　</system. web>
　　</location>
<configuration>

说明：path 表示客户端访问的文件路径，<deny user = " ?" />表示不允许匿名访问该文件。

以上是常用的 Web. config 配置的方法，其他节点及配置请参考联机帮助。

练　习　1

本实训教程结合"大学生校内论坛"项目，将各部分知识点融入到项目中。下面请参照本章的实训内容，创建"大学生校内论坛"Web 网站，然后向网站中添加表 1-1 列出的页面。

表 1-1 "大学生校内论坛"Web 项目中的主要窗体名称及功能

页 面	功 能 描 述
Login.aspx	登录页面,提供已注册用户登录网站
Registered.aspx	提供游客注册网站用户
HomePage.aspx	网站首页,用户浏览本网站最新动态和一些常用功能
HomeArticleDetail.aspx	用于显示主页中某一篇日志文章的全文
PersonalPage.aspx	注册用户个人详细信息页面
PersonalEditArticle.aspx	用于用户查看日志全文,编辑、发表日志
PersonalInfoUpDate.aspx	用于用户信息更新
PersonArticleList.aspx	用于用户查询所发日志文章列表
BKArticleList.aspx	用于管理员后台管理和审核日志文章列表
BKArticleText.aspx	提供管理员后台对于文章的编辑和审核
BKStuInfo.aspx	用于管理员后台管理和审核用户信息
Error.aspx	显示错误信息页面

第 2 章 HTML 基础

本章实训内容对应教材的"第 2 章 网页设计基础",本章教材内容主要介绍了静态网页和动态网页,介绍了 HTML 基本语法和常用标签。本实训内容针对教材,学习如何在网页中使用 HTML 标签。

本章实训任务:
- HTML 文字编辑;
- HTML 有序和无序排列标签;
- 锚标签的使用;
- HTML 图像标签的使用。

任务 2-1 制作静态的个人主页网页

使用 HTML 标签的文字,网页效果如图 2-1 所示。

(1) 启动 Visual Studio 2010,新建网站"chap02",向网站项目中添加一个新的 Web 窗体,并命名为"文字编辑.aspx"。

(2) 设置文档的<head>标签:
<title>个人主页</title>

(3) 设置<body>背景色:
<body bgcolor="#66CC99">

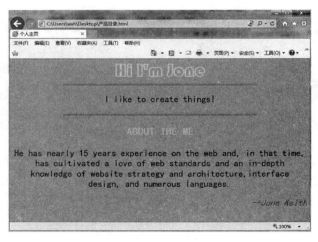

图 2-1 HTML 文字编辑页面效果

（4）在<body>标签内设置第一行文字效果：
<font face="华文彩云" color="#66FF00" size="20px" ><b>Hi I'm Jone</b></font>
（5）设置两条横线及其中间文字效果：
<hr size="3px" color="#CC9900" align="center" width="500px" />
<font face="楷体" size="5px" ><p>I like to create things！</p></font>
<hr size="3px" color="#CC9900" align="center" width="500px" />
说明：横线 size 属性表示线的宽度，width 为线的长度。
（6）设置文章标题样式：
font color="#FF33FF"><h3 >ABOUT THE ME</h3></font>
（7）设置正文格式：
<fongt size="small" face="微软雅黑" ><p style="margin-left：400px；align="center" margin-right：400px；" >
He has nearly 15 years experience on the web and，in that time，has cultivated a love of web standards and an in-depth knowledge of website strategy and architecture，interface design，and numerous languages.
</p>
</font>
说明：<p>标签的边界效果通过 style 属性来设置。
（8）最后一行文字设置：
<font size="4px" color="#FF9900" >
<b><p style="margin-left：900px；" ><i>--Jone Keith</i></p></b>
</font>
（9）通过鼠标右键"在浏览器中查看"，效果同图 2-1 所示。

任务 2-2　使用 HTML 有序和无序排列标签制作书籍目录

（1）使用有序标签制作书籍目录，如图 2-2 所示。

第 1 章 ASP.NET 程序开发概述
　1.1 .NET 简介
　　1.1.1 .NET 框架体系
　　1.1.2 ASP.NET 概述
　1.2 ASP.NET 运行与开发环境
　　1.2.1 安装与配置 Web 服务器 IIS
　　1.2.2 Visual Studio 2010 安装与介绍
第 2 章 网页设计基础
　2.1 HTML 基础
　　2.1.1 HTML 基本语法
　　2.1.2 HTML 文件架构
　2.2 HTML 常用标签
　　2.2.1 主体标签
　　2.2.2 锚标签
　　2.2.3 图像标签

图 2-2　书目样式

①启动 Visual Studio 2010，在"chap02"项目下面添加新的窗体。

②分析目录结构，章标题目录处于同级目录，属于一级目录，在章标题下面嵌套二级目录为节标题，节标题下面再嵌套一层小节标题。

③使用<ol>标签与<li>标签进行嵌套，在页面文件的<form>标签内输入下列代码：

```
<ol>第 1 章 ASP.NET 程序开发概述
    <ol>1.1 .NET 简介
        <li>1.1.1 .NET 框架体系</li>
        <li> 1.1.2 ASP.NET 概述</li>
    </ol>
    <ol>1.2 ASP.NET 运行与开发环境
        <li>1.2.1 安装与配置 Web 服务器 IIS</li>
        <li>1.2.2 Visual Studio 2010 安装与介绍</li>
    </ol>
</ol>
<ol>第 2 章 网页设计基础
    <ol>2.1 HTML 基础
        <li>2.1.1 HTML 基本语法</li>
        <li>2.1.2 HTML 文件架构</li>
    </ol>
    <ol>2.2 HTML 常用标签
        <li>2.2.1 主体标签</li>
        <li>2.2.2 锚标签</li>
        <li>2.2.3 图像标签</li>
    </ol>
</ol>
```

④单击鼠标右键"在浏览器中查看"，运行效果如图 2-3 所示。发现<ol>有序标签，在默认情况下，会自动生成序号，默认序号为阿拉伯数字，编号从 1 开始，可以通过修改<ol>的 type 属性改变其序号类型，如 type=a，以字母为序号，也可以通过修改<ol>的 start 属性设置起始值。

⑤对于上述代码中产生的标号，添加一个属性 style=" list-style-type：none" 即可，运行效果如图 2-2 所示。

(2) 使用无序列表设计具有产品图像的产品目录，如图 2-4 所示。

①启动 Visual Studio 2010，新建窗体"无序列表.aspx"。

②在页面文件的<form>标签内输入下列代码：

```
<ul>
    <li>联想
        <ul>
            <li style=" list-style-image：url(/img/T 系.jpg);">T 系列商务笔记本</li>
            <li style=" list-style-image：url(/img/G 系.jpg);">G 系列家用笔记本</li>
        </ul>
```

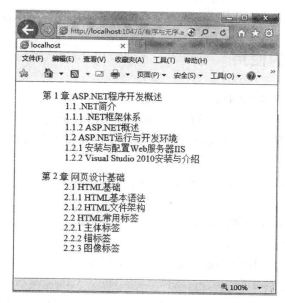

图 2-3　默认有序标签设计程序运行结果

```
    </li>
    <li>戴尔
        <ul>
            <li style=" list-style-image：url(/img/灵越系.jpg);">灵越系列笔记本</li>
            <li style=" list-style-image：url(/img/成就系.jpg);">成就系列笔记本</li>
        </ul>
    </li>
</ul>
```

③单击鼠标右键"在浏览器中查看"，运行程序后效果如图2-5所示。

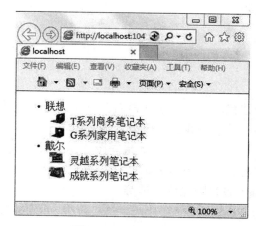

图 2-4　产品目录样式　　　　图 2-5　程序运行效果

说明：<ol>和<ul>标签常常用于文章标题列表排版和图片列表排版布局。<ul>标签<ol>标签都可以嵌套使用，<ol>和<ul>标签下不能直接放其他标签，应该放在<li>标签内。

任务 2-3　锚标签的使用

1. 使用锚标签链接到新的网页

修改任务 2-2 的第一个实训"使用有序标签制作书籍目录"，使得点击小节标题后，跳转到该小节对应的详细内容页面。选取两个小节实现链接新页面后显示详细内容，其余小节方法相同。

（1）在 Visual Studio 2010 中打开"chap02.sln"，在 chap02 网站中添加 Web 窗体，命名为"目录.aspx"。

（2）添加两个新的 Web 窗体，用于显示 1.1.1 小节和 2.1.1 小节的详细内容，页面名称为"1-1-1.aspx"和"2-1-1.aspx"。

（3）在"1-1-1.aspx"和"2-1-1.aspx"页面中添加要显示的文本信息，为了页面显示效果更好，设置<div>标签的边距如下：

……

（4）在"目录.aspx"页面文件中，在<li>标签中嵌套<a>标签，实现链接功能，具体代码如下：

　　　<ol>第 1 章 ASP.NET 程序开发概述

　　　　　<ol>1.1 .NET 简介

　　　　　　　<li style=" list-style-type：none；"><a href="1-1-1.aspx" style=" text-decoration：none；" >

　　　　　　　　　1.1.1 .NET 框架体系</a></li>

　　　　　　　<li style=" list-style-type：none；"> 1.1.2 ASP.NET 概述</li>

　　　　　</ol>

　　　　……

　　　</ol>

　　……

说明：上述代码给出了如何链接到 1.1.1 小节的内容页面，使用 text-decoration：none；去掉超链接内容的下画线，其余设置格式相同。

（5）运行"目录.aspx"页面效果同图 2-3 所示，单击"1.1.1 .NET 框架体系"标题，页面跳转至详细内容页面，如图 2-6 所示。

2. 使用锚标签将图像作为链接

使用锚标签<a>可以使图片产生链接效果，语法格式为：

<a href="目标页面"><img src="图片路径" /></a>

修改任务 2-2 中的"使用无序列表设计具有产品图像的产品目录"中的目录，使用户在点

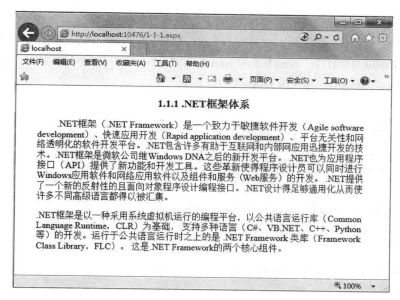

图 2-6　页面跳转效果

击目录中电脑图像时显示该系列的具体内容。

在这里只需要设置<a>标签的链接地址，以及<a>标签中嵌套的<img>标签的图片路径即可，主要代码如下：

<ul>
　<li>联想
　　<ul>
<li > <a
href＝http：//appserver.lenovo.com.cn/Lenovo_Series_List.aspx？CategoryCode＝A02B04C02 target="_blank"><img src="img/T系.JPG" />
</a>T 系列商务笔记本</li>
<li style=" list-style-image：url(/img/G 系.jpg);">G 系列家用笔记本</li>
</ul>
</li>
……
</ul>

说明：这里设置了一个网址作为<a>标签链接的路径，并且设定了该页面在一个新的空白页面显示链接页面。<a>标签的 target 属性有多个取值，_blank 表示在新的页面打开目标页面。其余值可以参照课本第 2 章的相关内容或者参考 MSDN 连接帮助。

3. 使用锚标签链接到指定框架

设计书籍目录，如图 2-2 所示。点击相应小节内容，会在同一页面显示其对应的具体内容。

（1）启动 Visual Studio 2010，在项目 chap02 中添加新的 Web 窗体"链接到指定框架.aspx"。再添加一个新的 Web 窗体，并命名为"初始内容.aspx"，用于显示"链接到指定框架.aspx"页面初次加载的时候在其框架内显示的链接页面。

(2)"链接到指定框架.aspx"页面代码如下：

```
<!DOCTYPE html PUBLIC "-//W3C//DTD XHTML 1.0 Transitional//EN" " http://www.w3.org/TR/xhtml1/DTD/xhtml1-transitional.dtd">
<html xmlns="http://www.w3.org/1999/xhtml">
<head runat="server">
    <title></title>
</head>
<frameset cols="400,*">
    <frame src="目录.aspx">
    <frame src="初始内容.aspx" name="new_frame">
</frameset>
<body>
    <form id="form1" runat="server">
    </form>
</body>
</html>
```

说明：<frameset>标签是由多个<frame>子标签构成的，<frameset>标签不能嵌套于<body>标签和<form>标签中。<frameset>标签的cols属性表示以列的形式分隔页面，row为行的形式分割页面。"*"号表示指定第一列后剩余宽度为第二列宽度。"目录.aspx"页面文件为前面实训所添加，这里直接指向该页面即可。

(3)设置<a>标签链接指向的<frame>。例如，点击目录中的"1.1.1.NET框架体系"小节，在右侧显示其具体内容，即页面"1-1-1.aspx"，具体代码如下：

```
<form id="form1" runat="server">
    <div>
        <ol>第1章 ASP.NET程序开发概述
            <ol>1.1.NET简介
<li style="list-style-type:none;"><a target="new_frame" href="1-1-1.aspx" style="text-decoration:none;">1.1.1.NET框架体系</a></li>
                <li style="list-style-type:none;"> 1.1.2 ASP.NET概述</li>
                ……
            </ol>
        </ol>
        … …
    </div>
</form>
```

说明：从上述实训内容可看出，使用<frameset>与<a>标签实现指定框架跳转时，首先需要指定框架的<frame>标签的name属性，然后在<a>标签指定href属性的同时要指定target属性为要链接显示的<frame>的name名称。设置完成后，<a>标签链接的目标页面将会在指定name的<frame>中显示。

(4)运行程序，页面首次加载如图2-7所示。点击"1.1.1.NET框架体系"小节标题后，

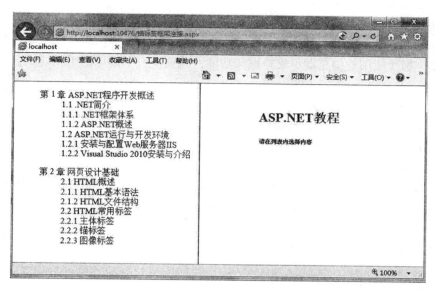

图 2-7　锚标签链接到指定框架

会在右侧框架内显示相应的内容，如图 2-8 所示。

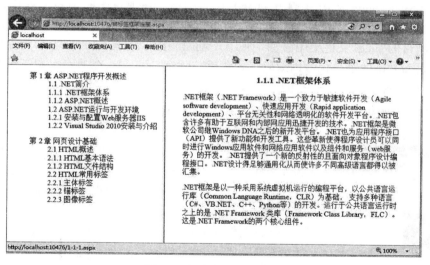

图 2-8　指定框架链接结果

说明：<frameset>是一种非严格标准支持的标记，在严格标准中并不支持该标记。当浏览器不支持<frameset>这个功能时，用户在页面上不能浏览框架内的内容，看到的将会是一片空白。为了避免这种情况，可使用 <noframes> 这个标记，当使用者的浏览器看不到<frameset>标记内的内容时，就会看到< noframes >与</noframes >之间的内容，而不是一片空白。这些内容可以是提醒用户更换其他浏览器的字句，甚至是一个没有<frameset>标记的网页或能自动切换至没有<frameset>标记的版本。

在<frameset>标记范围加入 </noframes > 标记，以下是一个例子：

```
<frameset rows="200,*">
<noframes>
<body>
很抱歉,您所使用的浏览器不支持框架功能,请更换一下浏览器重新尝试。
</body>
</noframes>
<frame name="top" src="a.html">
<frame name="bottom" src="b.html">
</frameset>
```

若浏览器支持<frameset>标签,那么<noframes>中的内容就不会被显示,但若浏览器不支持<frameset>标签,<noframes>标签内的文字会被显示。

任务 2-4　图像标签的使用

1. 图像的不同对齐方式

在页面中插入图片是网页设计中经常用到的设计方式,设置图片与文字的对齐方式可以使页面更加美观。图片与文字的对齐方式有多种,设置图像<img/>标签的 align 属性,可以控制图片与文字的对齐方式。

(1)在 Visual Studio 2010 中打开 chap02Web 网站,在项目中添加新的窗体,并命名为"img 对齐.aspx"。

(2)在项目的"img"文件夹中添加一张图片 small.jpg,用于<img>标签示例的显示。

(3)在页面文件的表单标签内编辑下列代码,测试不同 align 属性值的显示效果:

```
<h2>默认图像对齐方式:</h2>
<p>图像 <img src="img/small.jpg"> 在文本默认位置</p>
<h2>设置图像的对齐方式:</h2>
<p>图像 <img src="img/small.jpg" align="bottom"> 在文本底部</p>
<p>图像 <img src="img/small.jpg" align="middle"> 在文本中</p>
<p>图像 <img src="img/small.jpg" align="top"> 在文本顶部</p>
<p>图像 <img src="img/small.jpg" align="left"> 在文本左侧</p><br/>
```

(4)运行程序,图像与文本的默认对齐方式如图 2-9 所示。设置图像的不同对齐方式后显示效果如图 2-10 所示。

说明:图片与文本的默认对齐方式是位于底部,即 align=bottom。

2. 图像标签的热点设置

将<img>标签、<map>标签和<area>标签配合使用,可以把图片划分成多个热点区域,每一个热点区域链接到不同网

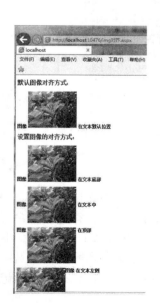

图 2-9　图像的不同对齐方式

页资源。热点设置对于以上 3 个标签的语法要求分别为:

<img>标签除了指定其 src 属性值用于指向某一具体图片路径,同时还要设置 usemap 属性,这样才能为<map>标签指定是哪一个图像用于地图影像设置。

<map>标签的 name 属性值要与<img>标签的 name 属性值相同,这样指定用作热点划分的图像为同一个图像。

<area>标签需要设置 3 个属性:shap 属性定义热点区域的形状,可以选择 rect(矩形)、circle(圆形)和 poly(多边形);coords 属性定义热点区域的坐标,矩形热点区域必须使用 4 个数字,前两个数字为热点区域左上角坐标,后两个数字为右下角坐标,例如:<area shape=rect coords=40,50,100,145 href="目标页面地址">。圆形热点区域必须使用 3 个数字,前两个数字为圆心的坐标,最后一个数字为半径长度,例如:<area shape=circle coords=100,85,20 href="目标页面地址">。多边形热点区域,将图形的每一转折点坐标依序填入即可,例如:<areashape=poly coords=200,170,125,40,120,60,250 href="目标页面地址">。

下面制作一个图像的地图热点链接。在项目"chap02"中,利用已有 img 文件夹中的 small.jpg 花卉图像,设置两个热点,一个热点为点击花卉的某一区域,将该区域放大显示在页面中,另一个热点为点击图片的文字部位,链接到相应网站。

(1)在 chap02Web 网站的 img 文件夹中,准备一幅 small.jpg 图片某一部分的放大图像,命名为 large1.jpg。

(2)在网站中添加两个新的 Web 窗体,分别命名为"img 热点设置.aspx"和"largeIMG.aspx"。前者用于显示原图像,后者用于显示原图像热点区域放大后的图像。

(3)在"img 热点设置.aspx"页面文件的表单标签内添加如下代码:

<div>
<img src="img/small.jpg" alt="热点地图" hspace="10" align="left" usemap="#flower" border="0">
  <map name="flower">
<area shape="rect" coords="128,157,246,176" href="http://foeoo.com/" target="_blank" alt="点击链接到中国花卉网">
<area shape="circle" coords="116,81,12" href="largeIMG.aspx" target="_blank" alt="点击查看图片细节">
  </map>
</div>

说明:在以上实例图片中设置了两个热点区域,第一个为矩形,用于链接到中国花卉网,第二个为圆形,用于链接到图片的热点区域放大显示。

<img>标签其他属性设置说明:hspace 用于设置图像周边空白;alt 用于指定在图像无法显示时的替代文本;usemap 可用于将图像定义为客户端图像映射,其属性值需以"#"号开始。

(4)"largeIMG.aspx"页面文件表单内的代码为:

<div>
  <img src="img/large 1.jpg"/>
</div>

(5)运行程序,在浏览器中查看"img 热点设置.aspx"页面,点击中间花蕊部位(图 2-10 圆形区域为热点区域),页面跳转显示如图 2-11 所示。返回初始页面,点击图片右下角文字,出现矩形热点区域,如图 2-12 所示,同时网页跳转,在空白页面(target=_blank)打开目标网址。

图 2-10　圆形热点区域

图 2-11　热点放大

图 2-12　矩形热点区域

练 习 2

通过本章实训知识点,设计"大学生校内论坛"Web 网站的帮助文档页面。

第3章 页面设计与布局

本章实训内容对应教材"第 3 章　CSS 层叠样式与页面布局"。本章教材主要介绍了 CSS 层叠样式的基本语法和使用，介绍了 CSS 与<frameset>、<table>以及<div>标签配合对页面进行布局和设计等内容。

本章实训内容在巩固教材知识的同时，将 CSS 与<table>、<div>标签结合，对"大学生校内论坛"主页和登录页面进行页面布局设计。

本章实训任务：
- 利用 CSS 与<div>标签进行页面设计与布局；
- 利用 CSS 与<table>标签进行页面设计与布局；
- 编写 .css 样式表文件；
- 在 Web 页面中引用已有的样式表。

任务 3-1　使用 CSS 与<div>标签进行页面设计与布局

（1）启动 Visual Studio 2010，新建 Web 应用程序，解决方案与项目均命名为"OurForum"。

（2）在项目中添加"HomePage.aspx"Web 窗体，添加文件夹，并命名为"img"，并向文件夹中拷贝所需要的图片。

（3）打开"HomePage.aspx"页面文件源视图，在<head>标签内添加 CSS 样式，代码如下：

```
<style type="text/css">
        #total
        {
            margin-left: auto;
            margin-right: auto;
            width: 100%;
            height: auto;
        }
        #top
        {
            margin: 0 200px 0 200px;
            width: 930px;
            height: 95px;
            background-image: url(img/header.jpg);
```

```css
        background-image: url(img/headerWarp.jpg);
}
#center
{
        margin: 0 200px 0 200px;
        width: 930px;
        height: auto;
        background-image: url(img/bg_main.jpg);
}
.mid-left
{
        float: left;
        width: 25%;
        height: auto;
        background-image: url(img/bg_side.jpg);
}
.middle
{
        float: left;
        width: 55%;
        height: auto;
        background-image: url(img/bg_main.jpg);
}
.right
{
        float: left;
        width: 18%;
        height: auto;
        background-image: url(img/bg_main.jpg);
}
#bottom
{
        margin: 0 200px 0 200px;
        width: 930;
        height: auto;
        background-image: url(img/footer.jpg);
        float: left;
}
#divnav
{
```

```css
        margin: 0 200px 0 200px;
        width: 930px;
        height: 36px;
        background-image: url(img/nav.jpg);
    }
    table
    {
        width: 930px;
        height: 28px;
    }
    tr
    {
        width: 930px;
        height: 28px;
    }
    .td1
    {
        width: 534px;
        height: 28px;
    }
    .td2
    {
        width: 99px;
        height: 28px;
        background-image: url(img/menu.png);
        text-align: center;
        color: #33FF33;
        font-weight: bold;
    }
</style>
```

（4）在"HomePage.aspx"源视图的<body>标签内输入下列代码：

```
<body style="background-image: url(img/bgbody.jpg)"><%--设置主体背景--%>
    <form id="form1" runat="server">
    <div id="total">
        <div id="top">
            <marquee style="height: 100px" scrollamount="3" direction="left">
                <font face="隶书" color="#FFFF33" size="12"><b>欢迎来到校内论坛主页
                </b></font></marquee>
        </div>
        <div id="divnav">
```

```
                <table>
                    <tr>
                        <td class="td1">
                        </td>
                        <td class="td2">
                            <a href="HomePage.aspx" style="text-decoration: none;">首页
                            </a>
                        </td>
                        <td class="td2">
                            <a href="LoginPage.aspx" style="text-decoration: none;">登录
</a>
                        </td>
                        <td class="td2">
                            <a href="LoginPage.aspx" style="text-decoration: none;">注册
</a>
                        </td>
                        <td class="td2">
                            <a href="Helper" style="text-decoration: none;">帮助</a>
                        </td>
                    </tr>
                </table>
        </div>
        <div id="center"><%--设置横向中间部分样式--%>
            <div class="mid-left"><%--设置中间左侧样式--%>
                <div style="background-image: url(img/bg_side.jpg);">
                    <asp:Calendar Width="35px" Height="52px" BorderWidth="2px" BorderColor="#CC33CC"
                        ID="Calendar1" runat="server" Style="margin-left: 5px; margin-top: 5px; margin-right: 5px;">
                        <DayStyle BackColor="#99CCFF" />
                        <SelectedDayStyle BackColor="Yellow" />
                        <TodayDayStyle BackColor="Yellow" />
                    </asp:Calendar>
                </div>
                <div style="margin-top: 30px; margin-left: 7px;">
                    <h3 align="center">
                        --友情链接--</h3>
                    <asp:Menu ID="Menu1" runat="server"
                        DataSourceID="SiteMapDataSource1" StaticDisplayLevels="3">
                    </asp:Menu>
                    <asp:SiteMapDataSource ID="SiteMapDataSource1" runat="server" />
```

```
        </div>
    </div>
    <div class="middle"><%--设置中间中部主体部位样式--%>
        <div style="margin-top:10px;margin-left:15px;">
            最新动态</div>
        <dir style="border-top:1px dashed #cccccc;height:1px;overflow:hidden;
            width:440px;
            margin-left:10px;margin-top:5px;">
        </dir>
        <div>
            <asp:Repeater runat="server" ID="rptshow">
                <ItemTemplate>
                </ItemTemplate>
            </asp:Repeater>
        </div>
        <div style="margin-top:10px;margin-left:15px;">
            生活论坛</div>
        <dir style="border-top:1px dashed #cccccc;height:1px;overflow:hidden;
            width:440px;
            margin-left:10px;margin-top:5px;">
        </dir>
        <div>
            <asp:Repeater runat="server" ID="Repeater1">
                <ItemTemplate>
                </ItemTemplate>
            </asp:Repeater>
        </div>
    </div>
    <div class="right"><%--设置中间右侧样式--%>
        <div id="min-right-news" style="height:200px;background-image:
            url(img/floatbox.png);
            text-align:center;">
            <h2 style="text-align:center;">
                新闻资讯</h2>
            <asp:HyperLink runat="server" ToolTip="新浪新闻中心" ID=
                "hplksina" NavigateUrl="http://news.sina.com.cn/"><img src="
                img/sina.png" style="margin-top:0px;border-width:2px;border-
                style:solid;border-color:#CCFF66;" />
            </asp:HyperLink>
            <asp:HyperLink runat="server" ToolTip="新浪新闻中心" ID=
                "hplksohu" NavigateUrl="http://news.sohu.com/"><img src="
```

img/sohu.jpg" style = " margin-top：10px；border-width：2px；border-style：solid；border-color：#CCFF66;" />
            </asp：HyperLink>
            <asp:HyperLink runat = " server" ToolTip = " 新浪新闻中心" ID = " HyperLink1" NavigateUrl = " http：//www.xinhuanet.com/" > < img src = " img/XHNews.jpg" style = " margin-top：10px；border-width：2px；border-style：solid；border-color：#CCFF66;" />
            </asp：HyperLink>
        </div>
        <div id = " min-right-ad" style = " height：190px；text-align：center；background-image：url(img/floatbox.png) ;" >
            <h2 style = "text-align：center；margin-top：35px；" >
                <font color = "#99CC66" >博文检索</font></h2>
            输入关键词<asp：TextBox runat = " server" ID = " txtStuName" ></asp：TextBox>
            <asp：Button runat = " server" ID = " btnQuery" Text = " 查询" />
        </div>
      </div>
    </div>

    <div id = " bottom" ><%--设置底部样式--%>
        <asp：Label runat = " server" ID = " lblmessage" ></asp：Label>
    </div>
  </div>
  </form>
</body>

（5）在浏览器中查看经过设计的页面布局与样式，如图3-1所示。

图 3-1　HomePage 页面效果

任务 3-2　使用 CSS 与 \<table\>标签进行页面设计与布局

（1）在项目中打开"LoginPage.aspx"页面，如果还没有该页面，在 OurForum 项目中添加该页面。

（2）在"LoginPage.aspx"页面的\<head\>标签内，添加如下代码：

```
<style type="text/css">
    table
    {
        border-width: 0;
        padding: 1px;        <%--代替 cellpadding="0"--%>
        border-collapse: collapse;   <%-- 代替 cellspacing="0"--%>
        width: 50%;
        border: border: 1px solid #CCFFCC;
        margin: 0 0 0 25%;
        height: 300px;
        background-color: #CCFFCC;
    }
    .td11
    {
        border-bottom-style: solid;
        border-bottom-width: 1px;
        border-bottom-color: #C0C0C0;
        border-top-style: solid;
        border-top-width: 1px;
        border-top-color: #C0C0C0;
        font-size: large;
        font-weight: bold;
        font-family: 微软雅黑;
        color: #808000;
        text-align: center;
    }
    .td51
    {
        border-bottom-style: solid;
        border-bottom-color: #C0C0C0;
        border-bottom-width: 1px;
    }
    #top
    {
```

```
            margin: 0 200px 0 200px;
            width: 930;
            height: 96px;
            background-image: url(img/header.jpg);
            background-image: url(img/headerWarp.jpg);
         }
    </style>
```
（3）在"LoginPage.aspx"页面的<body>标签内，添加如下代码：
```
<body style="background-image: url(img/bgbody.jpg)">
    <form id="form1" runat="server">
    <div id="top">
        <marquee style="height:100px" scrollamount="3" direction="left">
            <font face="隶书" color="#FFFF33" size="12">
                <b>欢迎来到校内论坛</b></font></marquee>
    </div>
    <div>
        <table>
            <tr>
                <td colspan="2" class="td11">
                    用户登录窗口
                </td>
            </tr>
            <tr>
                <td width="15%" height="51px">
                    <asp:Label runat="server" ID="lblUserName" Text="用户名:">
                    </asp:Label>
                </td>
                <td height="51px">
                    <asp:TextBox runat="server" ID="txtuserName" Height="26px">
                    </asp:TextBox>
                </td>
            </tr>
            <tr>
                <td width="15%">
                    <asp:Label ID="lblPassword" runat="server" Text="密    码:">
                    </asp:Label>
                </td>
                <td>
                    <asp:TextBox runat="server" ID="txtPassword" TextMode="Password" Height="26px"></asp:TextBox>
```

```
                </td>
            </tr>
            <tr>
                <td colspan="2" align="center">
                    <asp:Button runat="server" ID="btnBack" Text="返回" Width=
                    "90px" OnClick="btnBack_Click" /><asp:Button
                        runat="server" ID="btnLogin" Text="登录" Width="90px"
                        OnClick="btnLogin_Click"
                        Style="height:21px" />
                </td>
            </tr>
            <tr>
                <td colspan="2" class="td51">
                    <asp:Label runat="server" ID="lblMessage"></asp:Label>
                </td>
            </tr>
        </table>
    </div>
</form>
</body>
```

（4）运行程序，"LoginPage.aspx"页面的效果如图3-2所示。

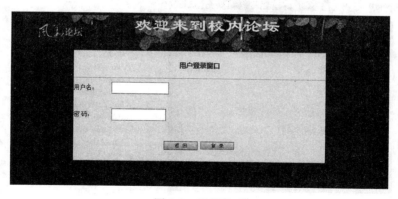

图3-2 登录界面

任务3-3 创建CSS样式表文件

任务3-1和任务3-2中，直接将CSS样式代码写在.aspx页面文件的<head>标签内，这种方式灵活性好，可以根据需要随时调整样式和布局，但是增加了页面文件的代码量。因此，可以创建样式文件，存储上述的样式信息。

（1）在鼠标右键项目名称，选择"添加"中的"新建项"，弹出"添加新项"对话框。

（2）在 Visual C#项中的 Web 节点下，选择右侧窗口的"样式表"，如图 3-3 所示。在"名称"文本框中可以为样式表重命名，单击"添加"按钮。

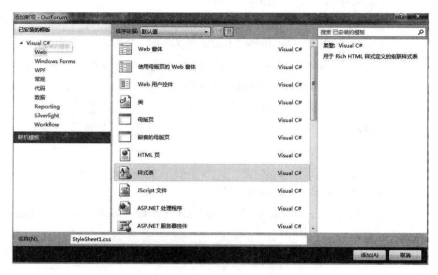

图 3-3　添加样式表

（3）样式表添加成功后，会在项目的根目录下添加一个 .css 文件，并自动打开该文件，如图 3-4 所示。

图 3-4　默认 .css 文件界面

（4）编写 CSS 样式代码，例如，将任务 3-2 中的 CSS 样式写入该 .css 文件中，只需要将 <style type="text/css"></style>内的代码拷贝到 StyleSheet1.css 文档中即可，如图 3-5 所示。

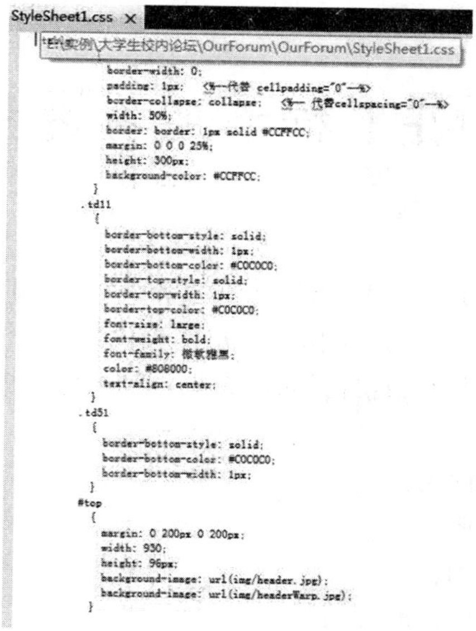

图 3-5 编写好的 StyleSheet1.css 文件

任务 3-4　应用 CSS 文件

将任务 3-3 中编写好的 StyleSheet1.css 文件应用到"LoginPage.aspx"页面中。需要在"LoginPage.aspx"文件的<head>标签内添加如下代码：

<link rel="stylesheet" type="text/css" href="StyleSheet1.css" />

其中，href 为样式表文件的路径，运行程序后，效果与任务 3-3 相同。

项目实践中，开发人员经常会直接引用一些已经编写好的.css 文件。首先就要在项目中添加需要引用的样式表文件，然后在页面文件的<head>标签内，添加格式如下的代码即可：

<link rel="stylesheet" type="text/css" href="css 文件路径" />。

练　习　3

利用本章实训内容，设计 OurForum 项目中注册页面"RegisterPage.aspx"的样式与布局。

第4章 ASP.NET 标准服务器控件

本实训内容与教材"第 4 章 ASP.NET 标准服务器控件"对应。本章教材介绍了标准服务器控件的常用属性、方法以及使用示例。本章实训内容结合"大学生校内论坛"项目，在前 3 章已有的基础上，将项目中设计好的页面布局添加控件进行充实。

本章实训任务：
- 按钮类服务器控件的使用；
- 文本类服务器控件的使用；
- 选择服务器控件的使用；
- 图像及超链接服务器控件的使用。

任务 4-1 按钮类服务器控件的使用

按钮类服务器控件主要包括 Button、ImageButton 以及 LinkButton 控件，按钮类控件最重要的使用方式是客户端触发其 onclick 单击事件，在服务器端做出响应，如执行页面跳转、方法、判断或获取其他信息等。3 个控件在外观上不同，但是功能却相同。下面通过一个综合例子，介绍 3 种按钮类控件的使用：

（1）启动 Visual Studio 2010，新建 Web 应用程序 Chap04。在项目中添加名为"按钮类控件.aspx"的新 Web 窗体。

（2）在项目中添加新的文件夹 img，并准备需要使用的图片名为 Tom.jpg。

（3）在"按钮类控件.aspx"页面中分别添加一个 Button 控件、一个 LinkButton 控件和一个 ImageButton 控件，一个标有 id 的<div>标签，为 3 个按钮类控件添加单击事件。具体代码如下：

```
<div style = " margin-left: auto; margin-right: auto; margin-top: 100px; border-style: solid;
    border-width: thick; width: 500px; height: 200px;" >
<asp: Button runat = "server" ID = "button1" Text = "Button 按钮" onclick = "button1_Click" />
<br />
    <asp: LinkButton runat = "server" ID = "linkButton1" Text = "LinkButton 按钮"
    onclick = "linkButton1_Click" ></asp: LinkButton><br />
    <asp: ImageButton runat = "server" ID = "imageButton" ImageUrl = " ~/img/Tom.jpg"
    onclick = "imageButton_Click" />
    <div id = "divConent" runat = "server" ></div>
</div>
```

（4）在"按钮类控件.aspx.cs"代码文件为 3 个按钮类控件的单击事件添加如下代码：
```
protected void button1_Click( object sender, EventArgs e)
```

```
            {
                divConent.InnerHtml = "你点击的是 Button 按钮";//在 divcontent 中输出内容
            }
    protected void linkButton1_Click(object sender, EventArgs e)
            {
                divConent.InnerHtml = "你点击的是 LinkButton 按钮";
            }
    protected void imageButton_Click(object sender, ImageClickEventArgs e)
            {
                divConent.InnerHtml = "你点击的是 ImageButton 按钮";
            }
```

（5）运行程序，页面首次加载如图 4-1 所示。分别单击 3 个按钮，显示界面分别如图 4-2、图 4-3 和图 4-4 所示。

图 4-1　页面初次加载

图 4-2　单击 Button 按钮

图 4-3　单击 LinkButton 按钮

图 4-4　单击 ImageButton 按钮

说明：从上述示例可以看出，3 个按钮类控件虽然在外观上不同，但是却能通过单击事件实现同样的功能。在项目中可以根据需要选择不同外观的此类控件充实网站页面。

任务4-2 文本类控件的使用

文本类控件包括 TextBox、Label 以及 Literal 控件,该类控件提供了用户输入信息或者在页面中输出文本信息的功能,通常配合其他控件使用,控制文本的输入或输出。

在 OurForum 项目中的修改个人信息"PersonalInfoUpDate.aspx"页面中,使用 TextBox 控件帮助用户输入新的个人信息,在 Label 中提示用户信息更改成功。

(1)打开"PersonalInfoUpDate.aspx"页面,在表单中添加 TextBox 控件、Label 控件和 Button 控件,代码如下:

```
<div>
  姓名:<asp:TextBox runat="server" ID="txtname"></asp:TextBox><br/>
  账号:<asp:TextBox runat="server" ID="txtpetname"></asp:TextBox><br/>
  学院:<asp:TextBox runat="server" ID="txtdept"></asp:TextBox><br/>
  专业:<asp:TextBox runat="server" ID="txtmajor"></asp:TextBox><br/>
  <asp:Label runat="server" ID="labInfo"></asp:Label><br />
  <asp:Button  runat="server" ID="btnPost" Text="显示修改信息"
  onclick="btnPost_Click" />
</div>
```

(2)在"PersonalInfoUpDate.aspx.cs"代码页面为 Button 控件的单击事件添加如下代码:

```
protected void btnPost_Click(object sender, EventArgs e)
{
    labInfo.Text = "修改的姓名为:"+txtname.Text.Trim()+"<br/>" +
        "修改的昵称为:"+txtpetname.Text.Trim() +"<br/>" +
        "修改的专业为:"+ txtmajor.Text.Trim()+"<br/>" +
        "修改的学院为:"+txtpetname.Text.Trim();
}
```

(3)运行程序,首次加载页面如图4-5所示,输入信息并单击按钮提交信息,页面效果如图4-6所示。

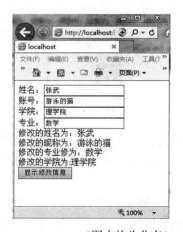

图 4-5 页面初次加载

(图中均为化名)

图 4-6 提交信息后的页面

任务 4-3 选择服务器控件的使用

ASP.NET 提供了单选或者多选的控件，有些控件通过属性设置既可以进行单选又可以实现多选，下面结合项目中需要用到选择性控件的应用示例，集中在一个页面内介绍该类控件的使用。

（1）打开注册"RegisterPage.aspx"页面，在页面中添加注册信息需要的控件，设计视图如图 4-7 所示，各控件用途具体描述如下：

TextBox：用户输入昵称、姓名和密码；

RadioButton：用户选择性别，且只能单选；

DropDownList：学院下拉框提供用户注册时选择所在学院，专业下拉框中的内容根据选择的学院不同，显示该学院开设的课程；

CheckBox：确定学生是否为在校学生，选择表示该用户为在校生；

ListBox：提供多个选项用于用户密码重置的提示问题，用户只能选择其中一项；

Button：注册按钮确认注册信息，并在 Label 中显示；

Label：用于显示注册人员的信息。

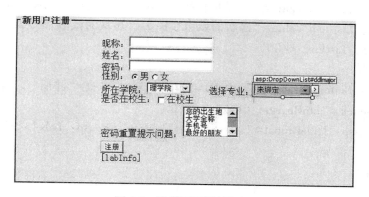

图 4-7 注册页面设计视图

（2）"RegisterPage.aspx"页面文件代码如下：

<div>
<fieldset style = " background-color：#CCFF99；border-style：solid；border-width：2px；margin-left：186px；margin-right：auto；margin-top：100px；width：600px；height：410px；">
　　<legend><strong>新用户注册</strong></legend>
　　<ul style = " list-style-type：none；margin-left：150px；">
　　　<li>昵称：<asp：TextBox runat = "server" ID = "txtpetname" ></asp：TextBox></li>
　　　<li>姓名：<asp：TextBox runat = "server" ID = "txtname" ></asp：TextBox> </li>
　　　　<li>密码：<asp：TextBox runat = "server" ID = "txtPassword" TextMode = "Password" >
　　　　</asp：TextBox></li>
　　　　<li>性别：<asp：RadioButton runat = "server" ID = "rdioM" GroupName = "Sex"

Checked="true" Text="男" /><asp：RadioButton runat="server" ID="rdioF"
                    GroupName="Sex" Text="女" /></li>
             <li>所在学院：<asp：DropDownList runat="server" ID="ddldept"
onselectedindexchanged="ddldept_SelectedIndexChanged" AutoPostBack="true">
                <asp：ListItem Value="理学院">理学院</asp：ListItem>
            <asp：ListItem Value="机械学院">机械学院</asp：ListItem>
             </asp：DropDownList> 选择专业：<asp：DropDownList runat="server" ID="ddlmajor" Width="100px"></asp：DropDownList></li>
              <li>是否在校生：<asp：CheckBox runat="server" ID="chkbox" Text="在校生" />
             </li>
                <li><font style="vertical-align：middle;">密码重置提示问题：</font><asp：ListBox runat="server" ID="lboxreset" SelectionMode="Single" Width="100px" Height="57px">
                <asp：ListItem Value="出生地" Text="您的出生地"></asp：ListItem>
                <asp：ListItem Value="大学全称" Text="大学全称"></asp：ListItem>
                <asp：ListItem Value="手机号" Text="手机号"></asp：ListItem>
                <asp：ListItem Value="最好的朋友" Text="最好的朋友"></asp：ListItem>
                <asp：ListItem Value="喜欢的城市" Text="喜欢的城市"></asp：ListItem>
                </asp：ListBox></li>
                <li>
                <asp：Button runat="server" ID="btnRegister" Text="注册"
                    onclick="btnRegister_Click" /></li>
                <li><asp：Label runat="server" ID="labInfo"></asp：Label></li>
        </ul>
    </fieldset>
</div>

说明：上述页面设计中，性别选择单选按钮组默认值为"男"，学院选择的下拉框的默认值为"理学院"，专业选择下拉框中的值需要根据学院选择的不同而改变，添加选择学院下拉框的 onselectedindexchanged 事件，并设置 AutoPostBack 属性值为 True。

（3）在页面加载 Page_Load 事件中根据学院下拉框（ddldept）默认"理学院"初始化专业下拉框（ddlmajor）的值：

```
protected void Page_Load(object sender, EventArgs e)
    {
        if (! IsPostBack)
        {
            ddlmajor.Items.Add("数学");
            ddlmajor.Items.Add("物理");
        }
    }
```

（4）学院下拉框（ddldept）onselectedindexchanged 事件的代码为：

```csharp
protected void ddldept_SelectedIndexChanged(object sender, EventArgs e)
{
    ddlmajor.Items.Clear();
    switch (ddldept.SelectedValue)
    {
        case "理学院":
            ddlmajor.Items.Add("数学");
            ddlmajor.Items.Add("物理");
            break;
        case "机械学院":
            ddlmajor.Items.Add("自动化");
            ddlmajor.Items.Add("机械制造");
            break;
    }
}
```

(5)"注册"按钮的单击事件代码为:

```csharp
protected void btnRegister_Click(object sender, EventArgs e)
{
    string pwd = txtPassword.Text;  //获取输入的密码,避免页面回发而丢失
    string gender;
    if (rdioM.Checked)  //判断性别,获取选中的单选按钮文本
    {
        gender = rdioM.Text;
    }
    else if (rdioF.Checked)
    {
        gender = rdioF.Text;
    }
    else
    {
        gender = "";
    }
    string student;
    if (chkstu.Checked)  //判断复选框是否选中
    {
        student = "在校学生";
    }
    else
    {
        student = "非在校生";
```

}

```
labInfo.Text = "你的姓名为:" + txtname.Text.Trim() + "<br/>" +
    "你的登录昵称为:" + txtpetname.Text.Trim() + "<br/>" +
    "你的密码为:" + pwd + "<br />" +
    "性别为:" + gender + "<br/>" +
    "所在学院:" + ddldept.SelectedValue + "<br />" +
    "专业:" + ddlmajor.SelectedItem.Text + "<br />" +
    "你是:" + student + "<br />" +
    "你设置的密码重置问题为:" + lboxreset.SelectedItem.Text + "<br />" +
    "<font color=red>" + "请牢记你的注册信息!" + "</font>";
}
```

说明：以上选择控件中的属性值均是以编程的方式手动添加的，在学完 ADO.NET 数据库访问和数据绑定章节后，这些属性值应该通过绑定到数据库的方式动态添加。

（6）运行页面，输入或选择注册信息后单击"注册"按钮，页面运行效果如图 4-8 所示。

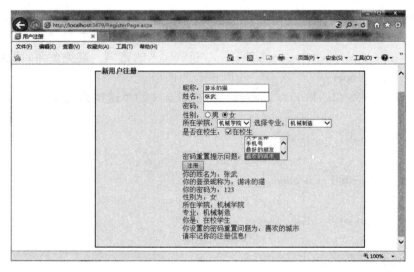

（图中均为化名）

图 4-8　显示用户注册信息

任务 4-4　Image 图像与超链接服务器控件的使用

Image 控件又称图像控件，主要是用于在网页上显示图片或者图像信息，HyperLink 控件用于创建超链接，实现网页之间的跳转。例如，在"OurForum"项目中，如图 3-1 所示，点击首页右上方"登录"、"注册"等按钮就会跳转至相应的页面，这一功能就可以实现（代码可参见第 3 章任务 3-1 页面设计代码）。下面通过 HyperLink 控件与 Image 控件结合，实现选择不同图像序号显示相应图像的功能。

（1）启动 Visual Studio 2010，新建 Web 应用程序，命名为"chap04"。在项目中添加新的 Web 窗体，命名为"Image 控件.aspx"。

（2）在项目中添加一个新文件夹，命名为"photo"，向该文件夹中添加 5 张图片，图片名称如图 4-9 所示。

图 4-9　添加图片

（3）在页面中添加 Image 控件，代码如下：

```
<div>
    <asp：Image runat="server" ID="imgphoto" /><br />
<div>
```

（4）在页面加载 Page_Load 事件中添加如下代码：

```
protected void Page_Load(object sender, EventArgs e)
    {
        for (int i=1; i <= 5; i++)
        {
            HyperLink hLink = new HyperLink();//实例化一个超链接控件
            hLink.Text = i.ToString();//设置超链接控件的文本
            hLink.NavigateUrl = "?n=" + i.ToString();//设置超链接控件的 NavigateUrl
            this.Controls.Add(hLink);
            if (Request.QueryString["n"] == null)
            {
                imgphoto.ImageUrl = "~/photo/照片1.jpg";//初始化显示的照片
            }
            else
            {
                //动态改变 Image 控件中的图像
                imgphoto.ImageUrl = "~/photo/照片" + Request.QueryString["n"] + ".jpg";
            }
        }
```

说明：上述示例中，页面加载的时候在服务器端实例化一个 HyperLink 控件，然后通过循环，动态向 HyperLink 控件添加显示的文本，根据点击文本的不同，将文本序号附加到 Image 控件的 ImageUrl 属性值的字符串中。示例中"？n ="为 HyperLink 控件传递的字符参数，使用 Request 对象的 QueryString 属性查找到该参数值，该参数值就是 HyperLink 控件显示的文本。关于参数传递与 Request 对象的使用会在下一章实训中详细介绍。

（5）运行程序，如图 4-10 所示，单击不同的序号如"4"，页面显示如图 4-11 所示。

图 4-10　页面首次加载　　　　图 4-11　点击不同的序号显示不同的照片

练　习　4

利用本章实训内容，结合表 1-1 给出的项目中主要 Web 窗体功能，使用 Web 服务器控件充实页面。图 4-12 和图 4-13 给出了主页和用户发表日志文章页面的设计视图，其他页面参照表 1-1 的功能进行设计，可以根据个人爱好使用 CSS 样式对页面进行美化。

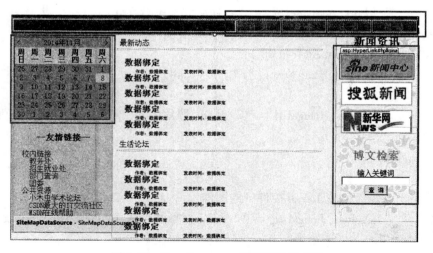

图 4-12　HomePage.aspx 页面控件及布局

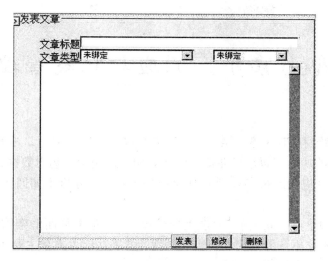

图 4-13　PersonalEditArticle.aspx 页面控件及布局

第5章 Web 请求、响应与状态管理

本实训内容与教材"第 5 章 ASP.NET 基本对象"对应学习。本章教材主要介绍了 ASP.NET 常用对象的功能，包括页面信息传递，如传递变量、输出数据，以及记录变量值。此外，还介绍了 Web 应用的状态管理的原理和基本方法，分析了如何正确选用合理的状态管理对象。

通过前面4章的学习，完成了"大学生校内论坛"的基本页面框架构建与美化。从这一章开始，逐步学习添加服务器端代码，实现网站的各项功能。本章主要实训内容为页面信息传递和获取、服务器状态管理。

本章实训任务：
- Response 和 Request 对象的使用；
- Session 对象对 Web 页面的状态管理。

任务 5-1 Response 对象页面跳转

网站中经常有常用网站的友情链接的版块，本实训利用 Response 对象和 LinkButton 控件实现页面跳转至指定链接页面的功能。

（1）在页面用于友情链接的版块中，添加如下代码：

```
<h3>--友情链接--</h3>
<asp：LinkButton runat="server" ID="linkbtnBaiDu" Text="百度"
onclick="linkbtnBaiDu_Click" ></asp：LinkButton><br />
<asp：LinkButton runat="server" ID="LinkbtnSouHu" Text="搜狐"
onclick="LinkbtnSouHu_Click" ></asp：LinkButton><br />
<asp：LinkButton runat="server" ID="Linkbtn163" Text="网易"
onclick="Linkbtn163_Click" ></asp：LinkButton><br />
</div>
```

说明：页面文件中添加了3个 LinkButton 控件，控件文本显示就是要跳转的页面，通过在设计视图中双击控件添加 LinkButton 控件的 onclick 事件。

（2）在3个 LinkButton 控件的 onclick 事件中添加如下代码：

```
protected void linkbtnBaiDu_Click(object sender, EventArgs e)
    {
        Response.Redirect("http://www.baidu.com/");
    }
protected void LinkbtnSouHu_Click(object sender, EventArgs e)
    {
```

```
            Response.Redirect("http://www.sohu.com/");
        }
    protected void Linkbtn163_Click(object sender, EventArgs e)
        {
            Response.Redirect("http://www.163.com/");
        }
```

(3) 运行页面，版块效果如图 5-1 所示。

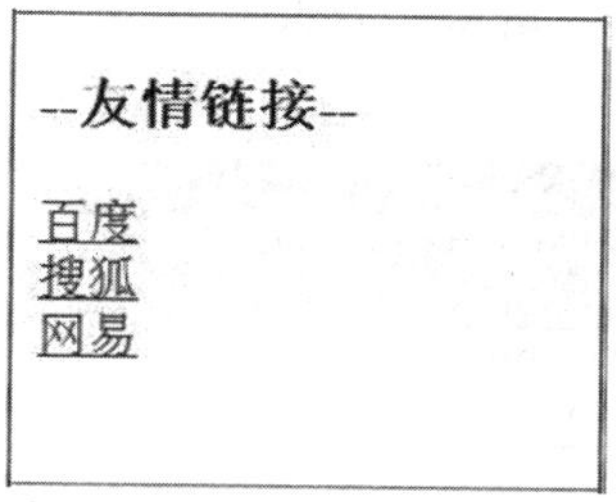

```
--友情链接--
百度
搜狐
网易
```

图 5-1 Response 页面跳转

任务 5-2 Response 对象传递参数

在实际项目中，页面跳转时往往需要给目标页面传送一些参数，用于特定页面的访问。例如，在"大学生校内论坛"网站中，经常有一些用户发表的日志文章列表，如图 5-2 所示。在列表中，通过单击日志文章的标题会跳转至日志文章的详细内容页面，这个页面中的信息不仅包含日志文章的标题，还包含文章的作者、发表时间等信息，如图 5-3 所示。此时，页面跳转不再是简单的链接就可以了，而是在跳转过程中需要告诉目标页面需要显示的是哪一篇日志文章。这一过程可以通过跳转后网页的地址栏得以验证，如图 5-4 所示。地址栏中的"ArticleDetail.aspx"为目标页面，问号"?"是字符串传递连接符号，"?"号后"article_id"为参数名称，"5"为参数值。数据库中"article_id = 5"的日志文章就是图 5-3 中所显示的日志文章。通过 Response 传递的参数就为目标页面指定了要显示 ID 号为 5 的日志文章，而不是其他别的文章。在实际项目中日志文章的列表是通过数据绑定获得的，这里利用简化的方式，旨在说明 Response 对象参数的传递。

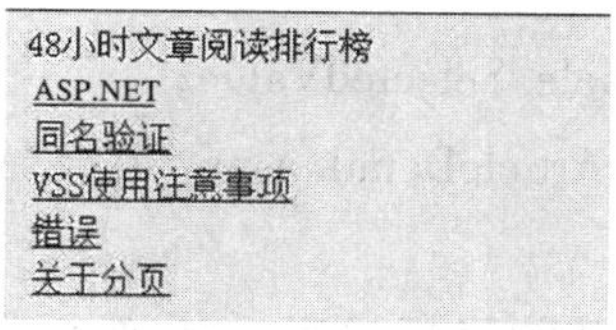

```
48小时文章阅读排行榜
ASP.NET
同名验证
VSS使用注意事项
错误
关于分页
```

图 5-2 日志列表

（1）在 HomePage.aspx 页面文件中日志列表使用 ListBox 控件，指定列表题目，并为 ListBox 控件添加 onselectedindexchanged 事件。代码如下：

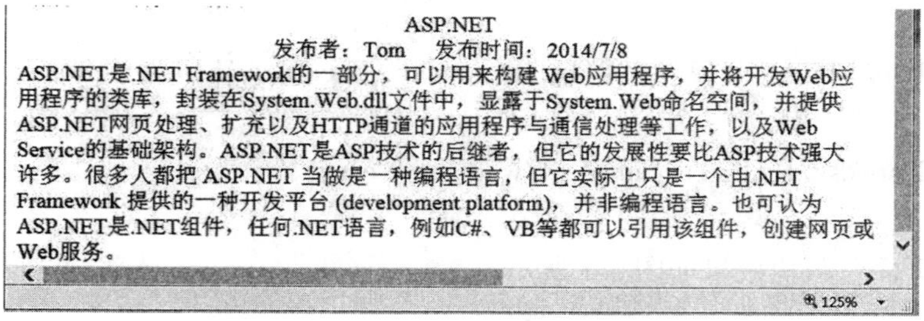

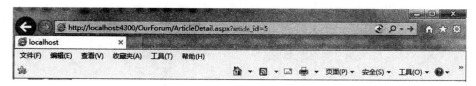

图 5-3　日志详细信息

图 5-4　地址栏中传递参数值

```
<div>
    <h4 align="center">最新日志文章</h4>
<asp：ListBox runat="server" ID="lbox_Aticle" AutoPostBack="true" SelectionMode="Single"
onselectedindexchanged="lbox_Aticle_SelectedIndexChanged">
    <asp：ListItem Value=1 Text="APEC领导人会议周今日启幕 中国"主场外交"迎高峰>
    </asp：ListItem>
    <asp：ListItem Value=2 Text="美国中期选举拉开帷幕 民众排队投票">
    </asp：ListItem>
    <asp：ListItem Value=3 Text="沙特发现一贫穷男子：轰动全国引围观">
    </asp：ListItem> </asp：ListBox>
</div>
```

（2）在项目中添加新的 Web 窗体 ArticleDetail.aspx，用于显示日志文章的具体内容。

（3）在 HomePage.aspx.cs 代码文件中添加如下代码：

```
protected void lbox_Aticle_SelectedIndexChanged(object sender, EventArgs e)
    {
        string title = lbox_Aticle.SelectedValue;
        Response.Redirect("ArticleDetail.aspx? ID="+title);
    }
```

说明：ArticleDetail.aspx 为跳转的目标页面，传递参数名称为 ID，值为选中 ListBox 控件中被选中项的 value 值。

（4）运行程序，ListBox 控件内日志文章列表如图 5-5 所示。

任务 5-3　Request 对象获取页面参数值

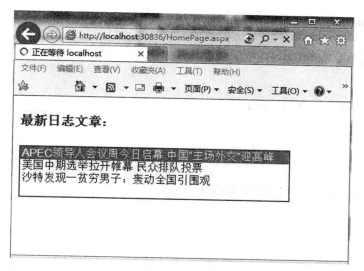

图 5-5　页面运行效果

任务 5-3　Request 对象获取页面参数值

要想在 ArticleDetail.aspx 页面显示与 ListBox 控件内所选题目对应的日志文章内容，就需要在 ArticleDetail.aspx 页面获取传过来的参数的值，获取参数值需要使用 Request 对象的 QueryString 属性。

（1）由于在 ListBox 控件模拟数据绑定不需要从数据库读取文章内容，而是直接在页面输出对应的日志内容即可。

（2）在 ArticleDetail.aspx.cs 文件的页面加载事件中，添加如下代码：

```
protected void Page_Load(object sender, EventArgs e)
{
    if (! IsPostBack)
    {

    string id = Request . QueryString["ID"];
    string str1 = "携着全球瞩目的一系列议题，2014 年亚太经济合作组织……"
    string str2 = "美国政坛四年一次的"大考"——中期……";
    string str3 = "一沙特男子在推特上发了一条状态，说自己生病在医院，……"
      if (id == "1")
      {
          Response. Write(str1);
      }
      else if (id == "2")
```

```
            }
                Response.Write(str2);
            }
            else if (id == "3")
            {
                Response.Write(str3);
            }
            else
            {
                Response.Write("您没有选择文章题目");
            }
        }
    }
```

说明：在代码页使用 Request.QueryString["ID"]请求 Response 对象在页面跳转时传过来参数值，然后根据参数值的不同，显示相应的内容，如图 5-6 所示。这里将文摘内容使用简略的方式给出。从图 5-6 的地址栏中可以看到，请求显示文章的参数值为 ID=1，即日志文章列表中的第一篇。

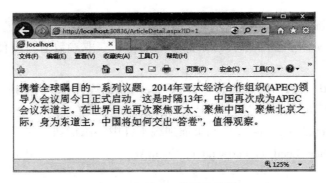

图 5-6　Request 获取参数值

任务 5-4　Session 对象的使用

Session 对象可以为每个用户的会话存储信息，且不被网站的其他用户访问，因此，可以在不同的页面间共享数据，但是不能在用户间共享数据。本实训内容在"大学生校内论坛"项目中，通过使用 Session 对象实现登录页面(LoginPage.aspx)将信息传递给个人信息页面(PersonalPage.aspx)。在这一过程中包括 Session 对象的赋值、判断、获取 Session 参数的值以及显示 Session 传递的信息。

（1）界面设计。在登录界面提供用户输入账号和密码的 TextBox 控件，以及确认登录的"登录"按钮和取消登录的"返回"按钮。为了使教学过程相对简单，实际项目中可以利用已经学过的 CSS 知识，对页面进行美化，本实训登录界面如图 5-7 所示。PersonalPage. aspx 页面如第 1 章所述，利用已经设计好的界面上的 Label 标签即可（ID = lblstu）。LoginPage. aspx 页面代码如下：

```
<div>
    <table border = "0" cellpadding = "0" cellspacing = "1" width = 50% height = 300
        style = " border：1px solid #CCFFCC; margin：10% 0 0 25%;
        background-color：#CCFFCC；">
        <tr>
<td colspan = "2" style = " border-bottom-style：solid; border-bottom-width：1px; border-bottom-color：#C0C0C0; border-top-style：solid; border-top-width：1px; border-top-color：#C0C0C0; font-size：large; font-weight：bold; font-family：
            微软雅黑; color：#808000; text-align：center">用户登录窗口</td>
        </tr>
        <tr>
            <td width = 15% height = 51px>
            <asp：Label runat = "server" ID = "lblUserName" Text = "用户名："></asp：Label></td>
            <td height = 51px><asp：TextBox runat = "server" ID = "txtuserName" Height = "26px">
            </asp：TextBox></td>
        </tr>
        <tr>
            <td width = 15% ><asp：Label ID = "lblPassword" runat = "server" Text = "密码：">
            </asp：Label></td>
        <td><asp：TextBox runat = "server" ID = "txtPassword" Height = "26px"></asp：TextBox>
</td>
        </tr>
        <tr>
            <td colspan = 2 align = "center"    >
<asp：Button runat = "server" ID = "btnBack" Text = "返回" Width = "90px" onclick = "btnBack_Click" />  <asp：Button runat = "server" ID = "btnLogin" Text = "登录" Width = "90px" onclick = "btnLogin_Click" style = "height：21px"/>
   </td>
   </tr>
  <tr>
<td colspan = 2 style = " border-bottom-style：solid; border-bottom-color：#C0C0C0;
  border-bottom-width：1px;" ><asp：Label runat = "server" ID = "lblMessage">
            </asp：Label>
        </td>
    </tr>
```

            </table>
        </div>

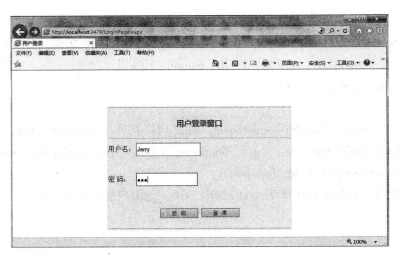

图 5-7　登录页面

（2）在登录页面给 Session 赋值。打开登录页面的代码隐藏文件 LoginPage.aspx.cs，在"登录"按钮的单击事件中添加如下代码：

```
protected void btnBack_Click(object sender, EventArgs e)
{
    string petname = txtuserName.Text.Trim();
    StudentInfo student = new StudentInfo(petname);
    if(student.Stu_PetName == txtuserName.Text.Trim() && student.Stu_PassWord
        == txtPassword.Text.Trim())
    {
        Session["Stu_PetName"] = txtuserName.Text.Trim();
        Response.Redirect("Personal.aspx");
    }
    else
    {
        lblMessage.Text = "用户名或密码不正确，请重新输入！";
    }
}
```

说明：StudentInfo 类为项目中的自定义类，包含了学生的基本信息，该类的创建和成员变量会在 ADO.NET 数据库访问章节详细介绍，这里直接使用该类来实例化一个学生对象，txtuserName 和 txtPassword 文本框中的值如果能够和该学生的用户昵称和密码匹配，就可以把 txtuserName 文本框中输入的值即学生昵称赋给 Session，然后进行页面跳转。

（3）PersonalPage.aspx 页面在显示 Session 信息之前，需要获取 Session 对象传递的参数

值,代码如下:

stringstu_petname = Session["Stu_PetName"].ToString();

说明:获取 Session 中 Stu_PetName 的值,并转换成字符串类型,赋值给 stu_petname 变量。

(4)Session["Stu_PetName"]中存储的是学生昵称信息,通过上一步已经将该信息赋值给了 stu_petname 变量,PersonalPage.aspx 页面的 Label 显示该信息:

labelstu.Text = stu_petname;

说明:以上代码可以简化为:

labelstu.Text = Session["Stu_PetName"].ToString();

该代码运行在 PersonalPage.aspx 页面的 Page_Load 事件中。

(5)点击"登录"按钮后,页面显示用户昵称信息,效果如图 5-8 所示。

图 5-8 显示 Session 传递参数值

任务 5-5 Application 对象的使用

Application 对象是整个应用程序的全局状态,Application 对象存储的信息不会因为页面的回发而丢失。下面例子证明了 Application 的全局性。

(1)在 Visual Studio 2010 中新建 Web 应用程序 "chap05",在项目中添加窗体 "ExApplication.aspx"。

(2)在 "ExApplication.aspx" 页面文件的表单内添加如下代码:

```
</div>
  <asp:Button ID="butAppAdd" Text="++1" runat="server" onclick="butAppAdd_Click" />
  <br />
  <asp:Label ID="label1" runat="server" Text=""></asp:Label>
</div>
```

(3)在 "ExApplication.aspx.cs" 文件中添加按钮的单击事件代码:

```
protected void butAppAdd_Click(object sender, EventArgs e)
{
    Application["Count"] = Application["Count"] + "Hello Word!"+"   ";
    label1.Text = Application["Count"].ToString();
}
```

(4)运行程序,页面初次加载如图 5-9 所示,单击 "++1" 按钮后,显示 Application 对象存储的"Hello Word"信息,再次单击按钮,第一次出现的"Hello Word"并没有因为页面的回发而丢失,如图 5-10 所示。关闭浏览器,重新打开浏览页面,单击"++1"按钮,之前保存的信息也不会丢失。

图 5-9　页面初次加载

图 5-10　两次回发后的页面

练　习　5

运用本章实训内容的知识点,实现用户登录到个人主页后,点击"修改个人信息"按钮,页面跳转至"UpdateStuInfo.aspx"页面,在该页面获取登录账号用户的基本信息。

第 6 章 验 证 控 件

本章节对应教材"第 6 章 ASP.NET 验证控件"内容。本章教材主要介绍了 ASP.NET 数据验证的方式以及常用的客户端数据验证控件的使用。本章实训内容旨在巩固与加强教材的理论知识，介绍主要的验证控件的使用方法。

本章实训任务：
- 不同验证控件的使用；
- 服务器端数据验证。

任务 6-1 数据的非空验证

在实训项目"大学生校内论坛"Web 网站中，用户注册时需要提供基本信息，有些信息是必须填写的，对于注册页面中必须填写的信息，可以使用 RequiredFieldValidator 验证控件对其进行验证。

（1）启动 Visual Studio 2010，新建 Web 应用程序，解决方案与项目都命名为"chap06"。在项目中添加新的窗体"ExRangeValidator.aspx"。

（2）页面设计界面如图 6-1 所示，控件属性样式读者可以自定义。

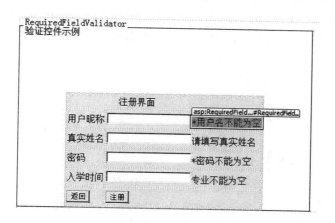

图 6-1 非空验证界面设计

（3）为了方便演示，在"ExRangeValidator.aspx"页面中将注册信息不能为空的数据项独立出来进行验证，具体代码如下：

```
<div>
<table style = "height: 200px; margin: 0 auto; margin-top: 100px; background-color: #CCFFCC;
```

```
border:1 px solid black;">
    <tr>
       <td colspan="2">
       注册界面
       </td>
    </tr>
    <tr>
       <td>
       用户昵称
       </td>
       <td>
          <asp:TextBox ID="petname" runat="server"></asp:TextBox>
<asp:RequiredFieldValidator ID="RequiredFieldValidator1" runat="server" ErrorMessage=""
ForeColor="Red" ControlToValidate="petname">*用户名不能为空</asp:
RequiredFieldValidator>
       </td>
    </tr>
    <tr>
       <td>
       真实姓名
       </td>
       <td>
         <asp:TextBox ID="name" runat="server"></asp:TextBox>
         <asp:RequiredFieldValidator ID="RequiredFieldValidator4" runat="server"
ErrorMessage="" ForeColor="Red" ControlToValidate="name">请填写真实姓名</asp:
RequiredFieldValidator>
       </td>
    </tr>
    <tr>
       <td>
       密码
       </td>
       <td>
          <asp:TextBox ID="pass" runat="server" TextMode="Password"></asp:TextBox>
          <asp:RequiredFieldValidator ID="RequiredFieldValidator2" runat="server"
ErrorMessage="" ForeColor="Red" ControlToValidate="pass">*密码不能为空</asp:
RequiredFieldValidator>
       </td>
    </tr>
    <tr>
```

```
            <td>
                专业
            </td>
            <td>
                <asp：TextBox ID="Major" runat="server"></asp：TextBox>
                <asp：RequiredFieldValidator ID="RequiredFieldValidator3" runat="server"
    ErrorMessage="" ForeColor="Red" ControlToValidate="Major">专业不能为空</asp：
RequiredFieldValidator>
            </td>
        </tr>
        <tr>
            <td>

                <asp：Button ID="back" Text="返回" runat="server"
                    CausesValidation="false" />
            </td>
            <td>
                <asp：Button ID="login" runat="server" Text="注册" />
            </td>
        </tr>
    </table>
</div>
```

（4）运行程序，文本框内不填写任何信息，页面效果如图 6-2 所示。

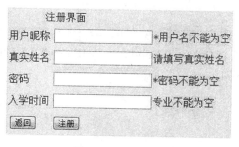

图 6-2 非空验证

任务 6-2　表达式数据验证

在"大学生校内论坛"项目中，用户在注册的时候，需要填写正确的邮箱、电话和学号等信息，这些信息格式复杂，可以使用 RegularExpressionValidator 控件进行验证。

（1）在 chap06 项目中添加名为"ExRegularExpressionValidator.aspx"的 Web 窗体。

（2）界面控件类型与设计如图 6-3 所示。

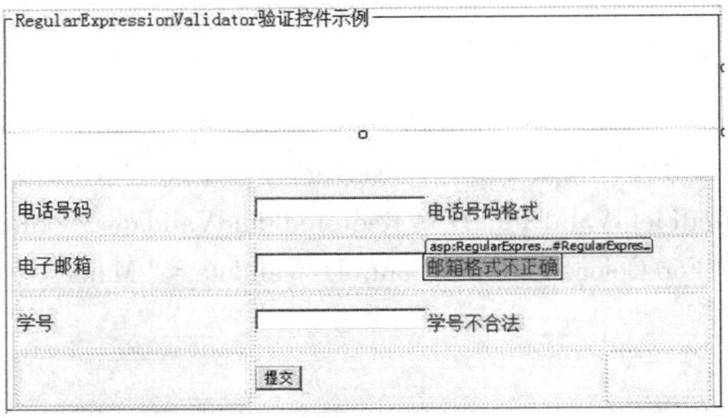

图 6-3 表达式验证界面设计

（3）在"ExRegularExpressionValidator.aspx"的页面文件的表单内分别验证用户注册的邮箱、电话和学号。代码如下：

```
<fieldset>
  <legend>RegularExpressionValidator 验证控件示例</legend>
  <div>
    <table style="width:600px;height:200px;margin:0 auto;margin-top:100px;background-color:#FFFF99;border:1px solid black;">
      <tr>
        <td style="width:200px;">电话号码 </td>
        <td colspan="2">
          <asp:TextBox ID="txtPhone" runat="server"></asp:TextBox>
          <asp:RegularExpressionValidator ID="RegularExpressionValidator2" runat="server" ErrorMessage="格式不正确"
            ValidationExpression="(^(\d{3,4}-)?\d{6,8}$)|(^(\d{3,4}-)?\d{6,8}(-\d{1,5})?$)|(\d{11})" ControlToValidate="txtPhone" Display="Dynamic">
          </asp:RegularExpressionValidator>
        </td>
      </tr>
      <tr>
        <td>电子邮箱</td>
        <td colspan="2">
          <asp:TextBox ID="email" runat="server"></asp:TextBox>
          <asp:RegularExpressionValidator ID="RegularExpressionValidator7" runat="server" Display="Dynamic" ErrorMessage="邮箱格式不正确" ControlToValidate="email" ValidationExpression="^[a-zA-Z0-9]{1,}@[a-zA-Z0-9]{1,}\.(com|net|org|edu|mil|cn|cc)$"></asp:RegularExpressionValidator>
        </td>
      </tr>
```

```
        <tr>
            <td>学号 </td>
            <td colspan="2">
            <asp：TextBox ID="idcode" runat="server"></asp：TextBox>
< asp：RegularExpressionValidator ID="RegularExpressionValidator8" runat="server" ControlToValidate="idcode"
ValidationExpression="^[1-9]([0-9]{16}|[0-9]{13})[xX0-9]$" Display="Dynamic">学号不合法</asp：RegularExpressionValidator>
            </td>
        </tr>
        <tr>
            <td>
            <asp：Button ID="regis" runat="server" Text="提交" />
            </td>
        </tr>
        </table>
        </div>
</fieldset>
```

（4）运行程序，输入不符合验证规则的数据，页面显示效果如图6-4所示。

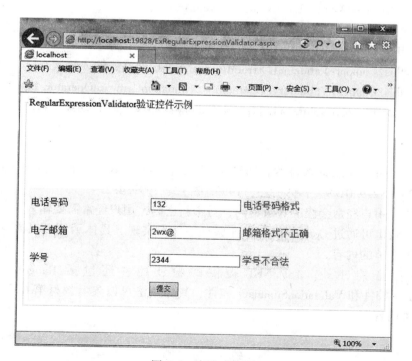

图 6-4　表达式验证

说明：电话验证包括固话验证和手机验证，支持格式如固话 0755-24356888、带分机格式 0755-24356888-282 以及 11 位数字的手机号码，电子邮箱验证需要包括"@"符号、"."号以及"com"、"net"、"org"、"edu"、"mil"、"cn"、"cc"中的一种字符形式。学号验证模拟身份证验证，为 18 位的数字验证。

任务 6-3　数据比较验证

在实训项目"大学生校内论坛"中，经常需要用户输入日期格式的数据，如注册页面的入学时间，信息修改页面的出生年月等。对于日期格式的控制可以使用 CompareValidator 控件封装好的用于日期格式比较的属性进行验证。

（1）在 chap06 项目中添加新的 Web 窗体，命名为"CompareValidator 验证.aspx"。
（2）"CompareValidator 验证.aspx"页面控件设计如图 6-5 所示。

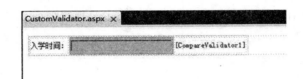

图 6-5　比较验证控件页面设计

（3）在"CompareValidator 验证.aspx.cs"代码文件的页面加载事件中添加如下代码：
protected void Page_Load(object sender, EventArgs e)
　　{
　　　　this.CompareValidator1.ControlToValidate = "txtTime";
　　　　this.CompareValidator1.ErrorMessage = "日期格式输入错误";
　　　　this.CompareValidator1.Operator = ValidationCompareOperator.DataTypeCheck;
　　　　this.CompareValidator1.Type = ValidationDataType.Date;
　　}

说明：CompareValidator 控件的日期格式验证，支持的日期格式包括如下示例：1999-09-12、1999-1-23、1999/01/9、1999/2/3、1999.03.12、1999.4.2。

在网站中，用户经常会修改登录密码，对于新密码，用户经常需要输入两次，如两次密码输入是否一致也可通过 CompareValidator 验证控件来实现。具体示例可以参见教材第 6 章比较验证控件小节的内容。

除上述验证控件外，ASP.NET 提供的验证控件还包括 RangeValidator 控件、CustomValidator 控件和 ValidationSummary 控件，具体用法可以参考教材第 6 章 ASP.NET 验证控件的相关内容。

练　习　6

利用本章实训内容，完成"大学生校内论坛"Web 项目中注册页面、登录页面、个人信息修改页面及其他需要进行客户端数据验证的任务。

第7章 数据源与数据服务器控件

本章是将教材"第7章 数据源控件"和"第10章 数据服务器控件"内容合并做实训练习。数据源控件是数据库与应用程序之间的桥梁,数据源控件能够读取数据但是不具有显示数据的能力,因此,要与 DropDownList、GridView 等数据显示控件配合使用才能将数据显示给用户。

本章实训内容主要结合项目实际,使用 SqlDataSource 数据源控件读取数据到 DropDownList 和 GridView 控件中。

本章实训任务:
- SqlDataSource 控件配置 DropDownList 控件数据源;
- SqlDataSource 控件配置 GridView 控件数据源。

任务 7-1　从数据库中读取部门名称和专业名称

在之前的章节中,是用编程的方式演示了在注册页面的 DropDownList 控件中添加学院名称与专业,本节任务是用 SqlDataSource 控件读取 ForumDB 数据库中存储学院信息的 Department、Major 关系表中的数据,并显示在 DropDownList 控件中。

(1) 打开 "RegisterPage.aspx" 页面,删除代码页面中 DropDownList 控件的数据项。

(2) 在页面中添加两个 SqlDataSource 控件,代码如下:

<asp:SqlDataSource ID = "SqlDataSource1" runat = "server" ></asp:SqlDataSource>
　　<asp:SqlDataSource ID = "SqlDataSource2" runat = "server" ></asp:SqlDataSource>

(3) 配置 SqlDataSource 控件的数据源,过程如下:

①将 "RegisterPage.aspx" 页面切换到设计视图,如图 7-1 所示,点击 SqlDataSource1 控件

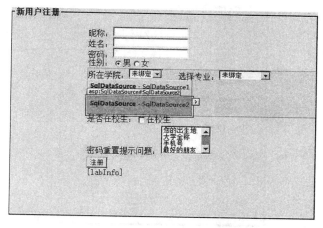

图 7-1　RegisterPage.aspx 页面设计视图

右侧的小三角,在弹出的 SqlDataSource 任务菜单栏中单击"配置数据源",弹出如图 7-2 所示的配置数据源的"选择您的数据连接"对话框。

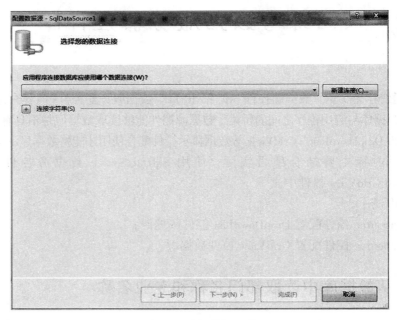

图 7-2　选择数据连接

②在"配置数据源"窗口中点击"新建连接",弹出如图 7-3 所示的"添加连接"对话框。

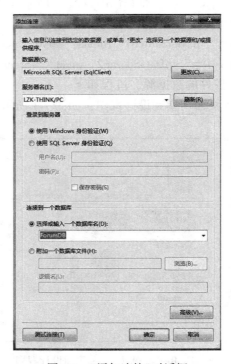

图 7-3　"添加连接"对话框

③在"添加连接"对话框中的"服务器名"输入或选择数据库所在的服务器名称,在"连接到一个数据库"选项中选择或者输入目标数据库名称。完成后单击"确定"按钮,返回到"配置数据源"窗口,单击"下一步",窗口跳转到"将连接字符串保存到应用程序配置文件中"界面,如图 7-4 所示。

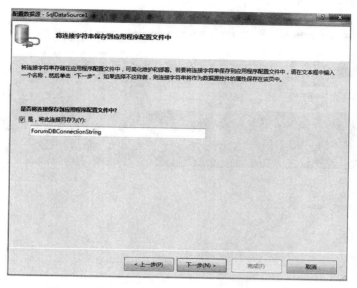

图 7-4　将连接字符串保存到应用程序配置文件中

④在"将连接字符串保存到应用程序配置文件中"对话框,单击"下一步",页面跳转至"配置 Select 语句"对话框,如图 7-5 所示。在此选择数据库中需要读取的数据表名称,选择数据列,"＊"号表示所有的列。然后单击"下一步",页面跳转至"测试查询"对话框,如图 7-6 所示。

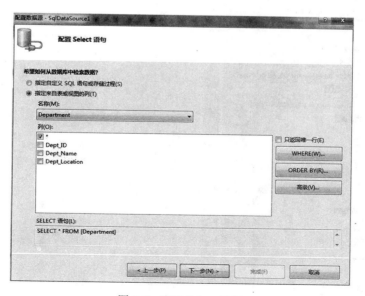

图 7-5　配置 Select 语句

⑤单击"测试查询"对话框中的"测试查询"按钮,如果没有错误产生,则显示查询数据结果,然后单击"完成"按钮即可完成 SqlDataSource 控件的数据源配置过程。

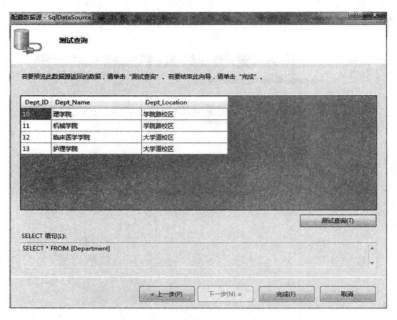

图 7-6 "测试查询"对话框

⑥选择"所在学院"下拉框(ID = ddldept),单击右侧边框的黑色小三角,弹出"DropDownList 任务"列表,选择"选择数据源"项,弹出"选择数据源"对话框,如图 7-7 所示。

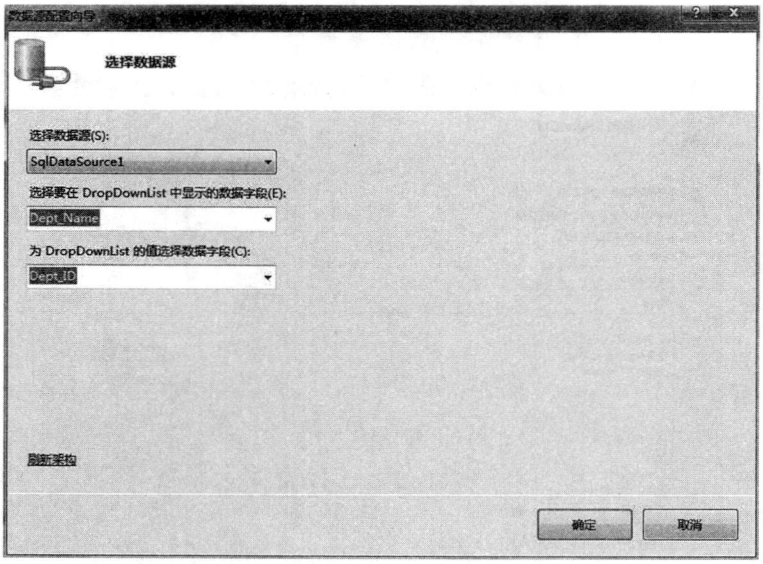

图 7-7 选择数据源

⑦在"选择数据源"下拉框中选择需要连接的数据源控件ID，在"选择要在DropDownList中显示的数据字段"下拉框中选择DropDownList控件的显示文本来自数据表中的哪个字段，在"为DropDownList的值选择数据字段"中选择DropDownList控件的value值。单击"确定"按钮，完成"所在学院"下拉框数据源的配置。

⑧用相同的方法，配置SqlDataSource2控件的数据源，读取ForumDB数据库中Major关系表的数据。

⑨将"选择专业"下拉框(ID=ddlmajor)数据源配置到SqlDataSource2，数据显示字段为专业名称(Major_Name)，value字段为专业ID号(Major_ID)。

⑩实现选择学院后在专业下列框中自动加载该学院开设的课程。在"选择学院"下拉框的onselectedindexchanged事件中添加如下代码：

```
protected void ddldept_SelectedIndexChanged(object sender, EventArgs e)
{
    int deptID = Convert.ToInt32(ddldept.SelectedValue);  //获取选择的学院ID值
    SqlDataSource2.SelectCommand = 
        "SELECT * FROM [Major] WHERE Major_Dept = " +deptID;
}
```

⑪运行程序，此时两个下拉框中加载的数据为数据库中提供的数据，且选择学院后会自动加载相应的专业。

任务7-2 完成首页日志文章列表的读取与显示

OurForum项目首页(HomePage.aspx)中间主体部位用于显示用户发表的日志文章题目，用户可以选择查看某一篇日志的全文。下面使用SqlDataSource控件与GridView控件实现这一功能。经过前几章实训内容的充实，HomePage.aspx代码较多，为了方便演示，可以把中间<div>层独立出来，在新的Web窗体中操作。

(1)新建两个Web窗体，分别命名为"ExHomePage.aspx"和"Excontent.aspx"。

(2)在"ExHomePage.aspx"窗体中添加GridView控件和SqlDataSource控件，代码如下：

<asp：GridView runat="server" ID="gridAticle"></asp：GridView>

<asp：SqlDataSource runat="server" ID="SqlDataSource1"></asp：SqlDataSource>

(3)将"ExHomePage.aspx"切换到设计视图，配置SqlDataSource1的数据源，方法同任务7-1。在配置过程中数据库名称为"ForumDB"，数据表为"Article"，数据列为"Article_Title"。

(4)选择GridView控件，单击右侧的小三角，在GridView任务列表中，选择数据源为"SqlDataSource1"。启用分页，启用选定内容。

(5)点击GridView控件右侧小三角，在GridView任务列表中选择"自套用格式"，选择"苹果园"风格。

(6)在属性编辑器中可以设置GridView控件的属性，主要属性设置见表7-1。

表 7-1　　　　　　　　　　　　　GridView 控件属性设置

属性		值
布局属性	CellPadding	0
	CellSpace	0
	Height	350px
	Width	500px
分页	PageSize	5
FooterStyle	Height	20px
	BorderStyle	None
HeadStyle	BackColor	#CCFFFF
	ForeColor	#000066
	Height	30px
RowStyle	Height	40px

（7）点击 GridView 任务列表，选择"编辑列"，弹出"字段"对话框，如图 7-8 所示。在"选定的字段"右侧，通过上下箭头，调换"选择"与"Article_Title"字段的位置，使"选择"列位于最后一列。

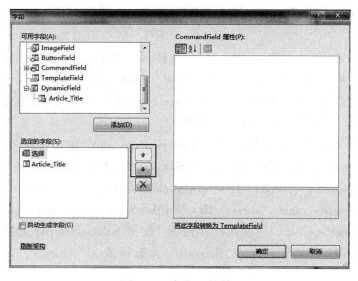

图 7-8　"字段"对话框

（8）点击左下"选定的字段"列表框中的"Article_Title"列，在右侧"CommandField 属性"列表框中设置"外观/HeaderText"属性为"日志列表"。

（9）点击"选择"列，设置"外观/SelectText"属性为"查看原文"，在样式的"ContrStyle I Font"节点中设置"FontSize=Small"，然后单击"确定"按钮。

（10）在 GridView 控件（ID = gridarticle）属性编辑器的"事件"列表中，双击

selectedindexchanging，为 GridView 控件添加 onselectedindexchanging = "gridArticle_SelectedIndexChanging"事件。

（11）最后，在"ExHomePage.aspx"页面文件中生成下列代码：

```
<div>
  <asp：GridView runat="server" ID="gridArticle" AllowPaging="True"
        AutoGenerateColumns="False" BackColor="White" BorderColor="#CCCCCC"
        BorderStyle="None" BorderWidth="1px" CellPadding="4"
        DataSourceID="SqlDataSource1" ForeColor="Black" GridLines="Horizontal"
        Height="350px" onselectedindexchanging="gridArticle_SelectedIndexChanging"
        PageSize="5" Width="500px" >
    <Columns>
      <asp：BoundField DataField="Article_Title" HeaderText="日志列表"
          SortExpression="Article_Title" />
      <asp：CommandField SelectText="查看原文" ShowSelectButton="True" >
      <ControlStyle Font-Size="Small" />
      <FooterStyle Font-Size="Medium" />
      </asp：CommandField>
    </Columns>
    <FooterStyle BackColor="#CCCC99" BorderStyle="None" ForeColor="Black" />
    <HeaderStyle BackColor="#CCFFFF" Font-Bold="True" ForeColor="#000066"
        Height="30px" />
    <PagerStyle BackColor="White" ForeColor="Black" HorizontalAlign="Right" />
    <RowStyle Height="40px" />
    <SelectedRowStyle BackColor="#CC3333" Font-Bold="True" ForeColor="White" />
    <SortedAscendingCellStyle BackColor="#F7F7F7" />
    <SortedAscendingHeaderStyle BackColor="#4B4B4B" />
    <SortedDescendingCellStyle BackColor="#E5E5E5" />
    <SortedDescendingHeaderStyle BackColor="#242121" />
  </asp：GridView>
  <asp：SqlDataSource runat="server" ID="SqlDataSource1"
      ConnectionString="<%$ ConnectionStrings：ForumDBConnectionString %>"
      SelectCommand="SELECT [Article_Title] FROM [Article]" >
  </asp：SqlDataSource>
</div>
```

（12）在"ExHomePage.aspx.cs"代码页面的 gridArticle_SelectedIndexChanging 事件中添加如下代码：

```
protected void gridArticle_SelectedIndexChanging(object sender, GridViewSelectEventArgs e)
{
    GridViewRow row = gridArticle.Rows[e.NewSelectedIndex];//获取选中的行
    string title = row.Cells[0].Text;//读取选中行的第1列即标题
```

Response..Redirect("ExContent.aspx?title=" + title);//在页面跳转的时候传递列参数
    }
（13）在浏览器中查看上述页面，如图7-9所示。

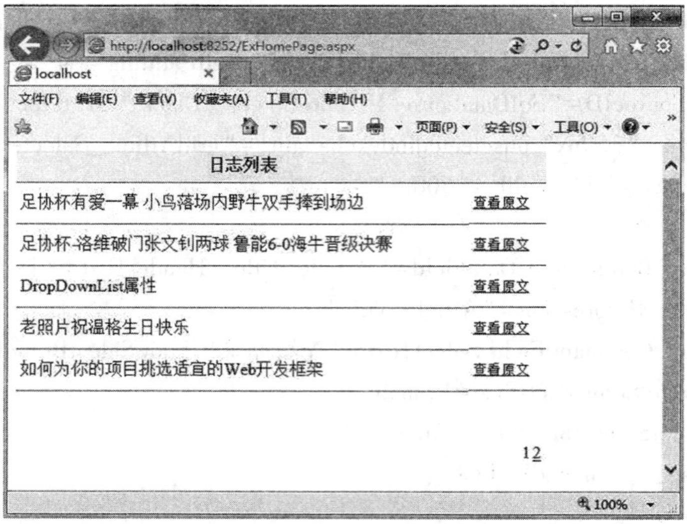

图7-9　ExHomePage.aspx页面效果图

（14）打开"Excontent.aspx"页面文件，在页面中分别添加一个GridView控件，一个SqlDataSource控件，按照任务7-1的方法，配置SqlDataSource1的数据源。在配置过程中数据表选中"Article"，数据列为"Article_Content"。

（15）按照"ExContentaspx"页面配置方式，为GridView控件选择数据源，并适当设置GridView控件的样式。最后，页面代码为：

```
<div>
    <asp：GridView runat="server" ID="gridcontent" AllowPaging="True"
        AutoGenerateColumns="False" DataSourceID="SqlDataSource1" PageSize="1"
        Height="200px" HorizontalAlign="Center" Width="400px">
    <Columns>
        <asp：BoundField DataField="Article_Content" HeaderText="Article_Content"
        SortExpression="Article_Content" />
    </Columns>
    <FooterStyle Height="20px" />
    <HeaderStyle Height="30px" />
    </asp：GridView>
    <asp：SqlDataSource ID="SqlDataSource1" runat="server"
        ConnectionString="<%$ ConnectionStrings：ForumDBConnectionString %>">
    </asp：SqlDataSource>
</div>
```

（16）在"ExHomePage.aspx.cs"代码文件的页面加载事件中，添加如下代码：
protected void Page_Load(object sender, EventArgs e)
{
  string title = Request.QueryString["title"]; //获取传递参数的值
  //设置 SqlDataSource 控件的 SELECT 语句
  SqlDataSource1.SelectCommand =
  "SELECT [Article_Content] FROM [Article] WHERE Article_Title='" + title + "'";
}

（17）运行 ExHomePage.aspx 后，在浏览器页面中点击"查看原文"，加载对应文章的全文。

说明：以上方式通过很少的代码就实现了在页面中显示数据库数据，这种方式方便快捷，大大节省了开发时间，但是使用这种方式操作数据具有很大的局限性，不能够根据用户的需求灵活地显示数据及按照自定义格式显示。在学习了下一章"ADO.NET 数据库访问"技术后，可以根据用户需求，选择读取的数据并以各种方式显示数据，而且数据操作也更加灵活。

练 习 7

利用 SqlDataSource 控件与 GridView 控件，完成后台管理页面中注册用户信息的读取与查看。

第8章 ADO.NET 数据访问

本章对应教材"第8章 ADO.NET 数据库访问"。本章教材介绍了 ADO.NET 的保持连接数据源以及脱机数据模型的两种数据访问模式；介绍了如何使用 Connection、Command、DataReader、Command 对象连接数据库、执行数据库操作；介绍了 DataSet、DataTable 对象的使用，以及如何使用 DataAdapter 对象填充数据集 DataSet 和 DataTable 对象。

本章实训任务：
- 创建数据访问层并实现数据访问；
- 创建业务逻辑层并添加对数据层的引用；
- 使用 SqlConnection、SqlCommand、SqlDataReader、SqlDataAdapter 对象实现数据操作。

通过上几章的实训练习，已经完成了项目的页面设计、各页面之间的导航以及使用数据源控件进行简单的数据读取，但是具体的数据库操作业务尚未实现，从本章开始，逐步完成各模块的编码。

本章主要采用三层架构程序设计方法，使用 ADO.NET 数据访问技术，完成各个与数据库打交道的业务类程序的编写。

通常意义上的三层架构就是将整个应用程序划分为表示层、业务逻辑层和数据访问层，使程序具有逻辑性强、低耦合的特点。其结构如图 8-1 所示。

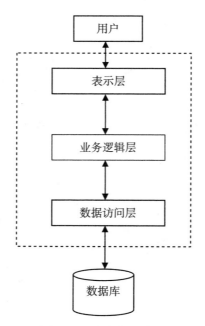

图 8-1 三层架构示意图

表示层位于体系的最外层，一般就是指展现给用户的界面，用于显示数据和接收用户输入的数据以及对用户数据的合法性进行验证。例如，我们在前面做的页面设计属于表示层，使用各种服务器控件可以显示文本、数据以及进行数据验证。

业务逻辑层位于数据访问层和表示层中间，在数据操作过程中起到桥梁作用。由于层与层之间的依赖是向下的，上层的改变不会影响其调用的底层。因此，对于业务逻辑层，它扮演了调用者与被调用者双重角色。对于表示层，它是被调用者，而对于数据访问层它又是调用者，因此，业务逻辑层在三层架构体系中的位置是十分重要的。

数据访问层又称为"持久层"，位于体系的最底层，该层所做的事物就是直接与数据库打交道，实现数据的增、删、改、查等操作。

任务 8-1 数据访问层的创建及数据访问

（1）为 OurForum 解决方案添加一个名为"DBCommonFunction"的新类库，在该类库中添加"DBHelper.cs"的类，打开"DBHelper.cs"文件，并修改其访问级别为 public。

（2）在"DBCommonFunction"中添加引用 System.Configuration。

（3）在"DBHelper.cs"类文件中主要封装了与数据库操作有关的各种方法，如 DataReader、ExecuteNonQuery、ExecuteScalar 等，在编写这些逻辑时要注意与 ADO.NET 相关知识结合。

（4）在"DBHelper.cs"文件中引入需要的命名空间：

using System.Data.SqlClient;
using System.Data;

（5）添加获得数据库连接对象的方法 GetConnection，代码如下：

```
public static SqlConnection GetConnection()
{
    SqlConnection conn = new SqlConnection(" Data Source = LZK-THINK; Initial Catalog = StudentMS; Integrated Security = True ");
    return conn;
}
```

（6）添加获取 SqlCommand 对象的方法：

```
public static SqlCommand GetCommand()
{
    return new SqlCommand();
}
```

（7）添加执行 ExecuteReader 方法，包含两个参数分别为 SqlConnection 类型和 String 类型：

```
public static SqlDataReader ExecuteReader(SqlConnection conn, string sql)
{
    if(conn.State == ConnectionState.Closed)
    {
        conn.Open();
```

```
            }
            SqlCommand cmmd = GetCommand();
            cmmd.CommandText = sql;
            cmmd.Connection = conn;
            SqlDataReader reader = cmmd.ExecuteReader();
            return reader;
        }
```

(8) 添加获取一个 SqlDataAdapter 对象的方法：
```
        public static SqlDataAdapter GetAdp()
        {
            return new SqlDataAdapter();  //返回类型是 DbDataAdapter，但实例化的是 SqlDataAdapter
        }
```

(9) 添加获取 DataTable 对象的方法：
```
        /// <summary>
        ///执行 sql 语句，返回查询结果 DataTable
        ///数据适配器利用读取器读取数据，把数据放在 DataTable 中
        /// </summary>
        /// <param name="sql">查询语句</param>
        /// <returns></returns>
        public static DataTable GetDataTable(string sql)
        {
            SqlConnection conn = GetConnection();
            conn.Open();
            SqlCommand command = GetCommand();
            command.Connection = conn;
            command.CommandText = sql;
            SqlDataAdapter adp = GetAdp();
            DataTable table = new DataTable();
            adp.SelectCommand = command;
            adp.Fill(table);  //用适配器填充 table 的数据
            conn.Close();
            return table;
        }
```

(10) 添加获取 Patameter 对象的方法：
```
        public static SqlParameter GetPara(string paraName, object paraValue)
        {
            return new SqlParameter(paraName, paraValue);
        }
```

(11) 添加执行 ExecuteNonQuery 的方法，并具有一个 string 类型参数：

/// <summary>
///执行非查询性操作
/// </summary>
/// <param name="sql"></param>
public static void ExecuteNonQuery(string sql)
{
    SqlConnection conn = GetConnection();
    conn.Open();
    SqlCommand command = GetCommand();
    command.Connection = conn;
    command.CommandText = sql;
    command.ExecuteNonQuery();
    conn.Close();
}

（12）添加执行 ExcuteScalar 方法，有一个 String 类型参数：

/// <summary>
///执行 sql 语句，返回首行首列
///如果返回的结果中有数据，则返回非空对象，否则返回 null
/// </summary>
/// <param name="sql"></param>
/// <returns></returns>
public static object ExcuteScalar(string sql)
{
    SqlConnection conn = GetConnection();
    conn.Open();
    SqlCommand command = GetCommand();
    command.Connection = conn;
    command.CommandText = sql;
    object obj = command.ExecuteScalar();
    conn.Close();
    return obj;
}

（13）添加执行 ExcuteScalar 方法，并有一个 String 类型参数和一个 List <SqlParameter> 类型参数：

public static object ExcuteScalar(string sql, List<SqlParameter> listPara)
{
    SqlConnection conn = DBHelper.GetConnection();
    conn.Open();
    SqlCommand command = DBHelper.GetCommand();
    command.Connection = conn;

```
            command.CommandText = sql;
            foreach(SqlParameter para in listPara)
            {
                command.Parameters.Add(para);
            }
            conn.Close();
            return command.ExecuteScalar();
        }
```

（14）添加执行 ExcuteScalar 方法，并有一个 String 类型参数和一个 SqlParameter 类型参数：

```
        public static object ExecuteScalar(string sql, SqlParameter para)
        {
            SqlConnection conn = GetConnection();
            conn.Open();
            SqlCommand command = DBHelper.GetCommand();
            command.Connection = conn;
            command.CommandText = sql;
            command.Parameters.Add(para);
            object obj = command.ExecuteScalar();
            conn.Close();
            return obj;
        }
```

任务 8-2　创建业务逻辑层并添加对数据层的引用

业务逻辑层的创建实际上就是将数据表中的实体转换成自定义类的过程，包含了类的成员和属性添加。

（1）鼠标右键单击 OurForum 解决方案，添加新的类库，并命名为"Business"。

（2）在类库中添加名为"StuInfo.cs"、"Department.cs"、"Major.cs"的类，并修改其访问修饰符为 public。

（3）在业务层即"Business"类库中添加对数据访问层的引用。

（4）定义 StuInfo 类的成员变量及属性：

```
    public class StuInfo
    {
        /// <summary>
        /// 学生 ID 号
        /// </summary>
        private int _Stu_ID;
        public int Stu_ID
        {
```

```csharp
            get { return _Stu_ID; }
            set { _Stu_ID = value; }
        }
        /// <summary>
        /// 性别
        /// </summary>
        private string _Stu_Gender;
        public string Stu_Gender
        {
            get { return _Stu_Gender; }
            set { _Stu_Gender = value; }
        }
        /// <summary>
        ///真实姓名
        /// </summary>
        private string _Stu_Name;
        public string Stu_Name
        {
            get { return _Stu_Name; }
            set { _Stu_Name = value; }
        }
        /// <summary>
        /// 登录密码
        /// </summary>
        private string _Stu_PassWord;
        public string Stu_PassWord
        {
            get { return _Stu_PassWord; }
            set { _Stu_PassWord = value; }
        }
        /// <summary>
        /// 学生所在学院
        /// int?：表示可空类型，是一种特殊的值类型，它的值可以为null
        ///用于给变量设初值的时候，给变量(int类型)赋值为null，而不是0
        ///通常用于处理数据库中int的可空情况
        /// </summary>
        private int? _Stu_Dept;
        public int? Stu_Dept
        {
            get { return _Stu_Dept; }
```

```csharp
        set { _Stu_Dept = value; }
    }
    /// <summary>
    /// 添加 Department 类型的成员变量,通过外键获取主键表信息
    /// </summary>
    private Department _depatObj;
    public Department DepatObj
    {
        get {
            if (_Stu_Dept.HasValue && _depatObj == null)
            {
                _depatObj = new Department(_Stu_Dept.Value);
            }
            return _depatObj;
        }
        //set { _depatObj = value; }//学生的院系是固定的,不能被修改
    }
    /// <summary>
    /// 所学专业
    /// </summary>
    private int? _Stu_Major;
    public int? Stu_Major
    {
        get { return _Stu_Major; }
        set { _Stu_Major = value; }
    }
    /// <summary>
    /// 添加 Major 类型的成员变量及属性,以便获取其信息
    /// </summary>
    private Major _majorObj = null;
    public Major MajorObj
    {
        get
        {
            if (_Stu_Major.HasValue && _majorObj == null)
            {
                _majorObj = new Major(_Stu_Major.Value);
            }
            return _majorObj;
        }
```

```csharp
        //set { _majorObj = value; }
    }
    /// <summary>
    /// 登录昵称
    /// </summary>
    private string _Stu_PetName;
    public string Stu_PetName
    {
        get { return _Stu_PetName; }
        set { _Stu_PetName = value; }
    }
    /// <summary>
    /// 身份是否有效
    /// </summary>
    private bool _Stu_IsValid;
    public bool Stu_IsValid
    {
        get { return _Stu_IsValid; }
        set { _Stu_IsValid = value; }
    }
    /// <summary>
    /// 入学年份
    /// </summary>
    private string _Stu_EnrolmentYear;
    public string Stu_EnrolmentYear
    {
        get { return _Stu_EnrolmentYear; }
        set { _Stu_EnrolmentYear = value; }
    }
}
```

（5）定义 Major 类的成员变量及属性：

```csharp
public class Major
{
    /// <summary>
    /// 专业的 ID
    /// </summary>
    private int _Major_ID;
    public int Major_ID
    {
        get { return _Major_ID; }
```

```csharp
        set { _Major_ID = value; }
    }
    /// <summary>
    /// 专业名称
    /// </summary>
    private string _Major_Name;
    public string Major_Name
    {
        get { return _Major_Name; }
        set { _Major_Name = value; }
    }
    /// <summary>
    /// 开设专业的学院
    /// </summary>
    private int? _Major_Dept;
    public int? Major_Dept
    {
        get { return _Major_Dept; }
        set { _Major_Dept = value; }
    }
    /// <summary>
    /// 添加Department类型的成员变量级属性
    /// </summary>
    private Department _deptObj = null;
    public Department deptObj
    {
        get
        {
            if (_Major_Dept.HasValue && deptObj == null)
            {
                _deptObj = new Department(_Major_Dept.Value);
            }
            return _deptObj;
        }
        //set { deptObj = value; }
    }
}
```

（6）定义Department类的成员变量及属性：

```csharp
public class Department
{
```

```csharp
/// <summary>
/// 学院 ID 号
/// </summary>
    private int _Dept_ID;
    public int Dept_ID
    {
        get { return _Dept_ID; }
        set { _Dept_ID = value; }
    }
/// <summary>
/// 学院名称
/// </summary>
    private string _Dept_Name;
    public string Dept_Name
    {
        get { return _Dept_Name; }
        set { _Dept_Name = value; }
    }
/// <summary>
/// 学院位置
/// </summary>
    private string _Dept_Location;
    public string Dept_Location
    {
        get { return _Dept_Location; }
        set { _Dept_Location = value; }
    }
}
```

任务 8-3　使用 SqlDataReader 读取数据

（1）在 StuInfo.cs 文件中引入命名空间：
```csharp
using System.Data.SqlClient;
using DBCommonFunction;
```
（2）在 StuInfo.cs 文件中，为该类添加无参数构造函数：
```csharp
public Department()
{ }
```
（3）添加一个 int 类型参数的构造函数：
```csharp
/// <summary>
/// 创建一个带 int 类型参数的构造函数
```

```csharp
/// 使用注册者的ID号初始化一个学生实体
/// 使用SqlDataReader对象读取数据
/// 使用SqlCommand对象执行SQL查询
/// </summary>
/// <param name="stu_id"></param>
public StuInfo(int stu_id)
{
    //获取数据连接对象
    SqlConnection conn = DBHelper.GetConnection();
    conn.Open();  //打开连接
    //设置查询的SQL语句
    string sql = "select * from StuInfo where Stu_ID=" +stu_id;
    //获取SqlCommand命令执行对象/
    SqlCommand command = DBHelper.GetCommand();
    /指定其Connection和CommandText属性的值
    command.Connection = conn;
    command.CommandText = sql;
    //调用ExecuteReader方法返回SqlDataReader对象赋给reader变量
    SqlDataReader reader = DBHelper.ExecuteReader(conn, sql);
    if(reader.Read())//判断如果读取器能够读到数据
    {
        _Stu_ID = stu_id;
        _Stu_Name = reader["Stu_Name"].ToString();
        _Stu_Gender = reader["Stu_Gender"].ToString();
        _Stu_Dept = Convert.ToInt32(reader["Stu_Dept"]);
        _Stu_EnrolmentYear = reader["Stu_EnrolmentYear"].ToString();
        _Stu_IsValid = Convert.ToBoolean(reader["Stu_IsValid"]);
        _Stu_PassWord = reader["Stu_PassWord"].ToString();
        _Stu_PetName = reader["Stu_PetName"].ToString();
        _Stu_Major = Convert.ToInt32(reader["Stu_Major"]);
    }
    conn.Close();
    reader.Close();
}
```

（4）添加String类型参数的构造函数：

```csharp
/// <summary>
/// 使用学生的登录昵称初始化学生实例
/// </summary>
/// <param name="dept_name"></param>
public StuInfo(string stu_name)
```

```csharp
        {
            SqlConnection conn = DBHelper.GetConnection();
            conn.Open();
            string sql = "select * from StuInfo where Stu_PetName='"+stu_name+"'";
            SqlCommand command = new SqlCommand();
            command.Connection = conn;
            command.CommandText = sql;
            SqlDataReader reader = DBHelper.ExecuteReader(conn, sql); ;
            if(reader.Read())
            {
                _Stu_PetName = stu_name;
                _Stu_ID = Convert.ToInt32(reader["Stu_ID"]);
                _Stu_Name = reader["Stu_Name"].ToString();
                _Stu_Gender = reader["Stu_Gender"].ToString();
                _Stu_Dept = Convert.ToInt32(reader["Stu_Dept"]);
                _Stu_EnrolmentYear = reader["Stu_EnrolmentYear"].ToString();
                _Stu_IsValid = Convert.ToBoolean(reader["Stu_IsValid"]);
                _Stu_PassWord = reader["Stu_PassWord"].ToString();
                _Stu_Major = Convert.ToInt32(reader["Stu_Major"]);
            }
            conn.Close();
            reader.Close();
        }
```

（5）为 Major 类添加类似 StuInfo 类的 3 个构造函数：

```csharp
/// <summary>
/// 无参构造函数
/// </summary>
   public Major() { }
/// <summary>
/// 使用专业 ID 号初始化 Major 类的构造函数
/// </summary>
/// <param name="major_id"></param>
public Major(int major_id)
{
    SqlConnection conn = DBHelper.GetConnection();
    conn.Open();
    string sql = "select * from Major where Major_ID=" +major_id;
    SqlCommand command = new SqlCommand();
    command.Connection = conn;
    command.CommandText = sql;
```

```csharp
            SqlDataReader reader = DBHelper.ExecuteReader(conn, sql);
            if (reader.Read())
            {
                _Major_ID = major_id;
                _Major_Name = reader["Major_Name"].ToString();
                _Major_Dept = Convert.ToInt32(reader["Major_Dept"]);
            }
        }
        /// <summary>
        /// 使用专业名称初始化 Major 类的构造函数
        /// </summary>
        /// <param name="major_name"></param>
        public Major(string major_name)
        {
            SqlConnection conn = DBHelper.GetConnection();
            conn.Open();
            string sql = "select * from Major where Major_Name='"+major_name+"'";
            SqlCommand command = new SqlCommand();
            command.Connection = conn;
            command.CommandText = sql;
            SqlDataReader reader = DBHelper.ExecuteReader(conn, sql);
            if (reader.Read())
            {
                _Major_ID = Convert.ToInt32(reader["Major_ID"]);
                _Major_Name = major_name;
                _Major_Dept = Convert.ToInt32(reader["Major_Dept"]);
            }
            conn.Close();
            reader.Close();
        }
```

(6) 为 Department 类添加 3 个构造函数：

```csharp
        /// <summary>
        /// 无参构造函数
        /// </summary>
        public Department() { }
        /// <summary>
        /// 使用学院 ID 号初始化 Department 类的构造函数
        /// </summary>
        /// <param name="dept_id"></param>
        public Department(int dept_id)
```

```csharp
    {
        SqlConnection conn = DBHelper.GetConnection();
        conn.Open();
        string sql = "select * from Department where Dept_ID=" +dept_id;
        SqlCommand command = new SqlCommand();
        command.Connection = conn;
        command.CommandText = sql;
        SqlDataReader reader = DBHelper.ExecuteReader(conn, sql);
        if (reader.Read())
        {
            _Dept_ID = dept_id;
            _Dept_Name = reader["Dept_Name"].ToString();
            _Dept_Location = reader["Dept_Location"].ToString();
        }
        reader.Close();
        conn.Close();
    }
    /// <summary>
    ///使用学院名称初始化 Department 类的构造函数
    /// </summary>
    /// <param name="dept_name"></param>
    public Department(string dept_name)
    {
        SqlConnection conn = DBHelper.GetConnection();
        conn.Open();
        string sql = "select * from Department where Dept_Name='" +dept_name+"'";
        SqlCommand command = DBHelper.GetCommand();
        command.Connection = conn;
        command.CommandText = sql;
        SqlDataReader reader = DBHelper.ExecuteReader(conn, sql);
        if (reader.Read())
        {
            _Dept_ID = Convert.ToInt32(reader["Dept_ID"]);
            _Dept_Name = dept_name;
            _Dept_Location = reader["Dept_Location"].ToString();
        }
        conn.Close();
        reader.Close();
    }
```

任务 8-4　使用 ExecuteNonQuery 方法执行数据插入

ExecuteNonQuery 方法执行非查询行操作，适用于向数据库中插入一条数据记录。例如，在项目的注册页面注册一个新的用户或用户发表一篇新的日志文章等都是通过执行数据访问层的 ExecuteNonQuery 方法来实现的。本小节实训内容就是介绍使用 ExecuteNonQuery 方法实现新用户注册。

（1）在之前的任务中已经设计了用户注册页面（RegisterPage.aspx），并实现了部分功能，例如，使用数据源控件使下拉框动态显示院系和专业，本节在原有的基础上略作调整，页面布局如图 8-2 所示。注意院系和专业选择的下拉框在用户密码文本框之前，避免由于学院选择下拉框的 onselectedindexchanged 事件的回发而丢失密码文本框中的值，这一点会在第 11 章中进行完善。

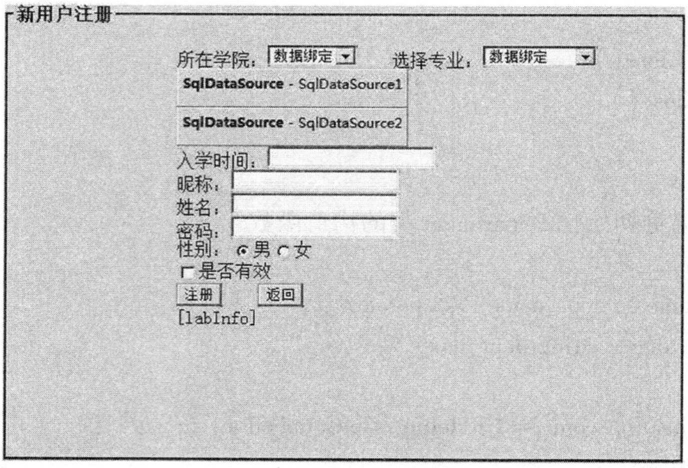

图 8-2　登录界面布局

（2）在"RegisterPage.aspx.cs"文件中，添加"注册"按钮的单击事件，代码如下：

```
protected void btnRegister_Click(object sender, EventArgs e)
{
    StuInfo student = new StuInfo();//实例化一个学生对象
    //将注册页面获取的文本框或其他控件的属性值赋值给 Student 对象的属性
    student.Stu_Major = Convert.ToInt32(ddlmajor.SelectedValue);
    student.Stu_Dept = Convert.ToInt32(ddldept.SelectedValue);
    student.Stu_PetName = txtpetname.Text.Trim();
    student.Stu_PassWord = txtPassword.Text.Trim();
    student.Stu_Name = txtname.Text.Trim();
    student.Stu_EnrolmentYear = txttime.Text.Trim();
    if(rdioM.Checked)//判断性别的选择
    {
```

```csharp
            student.Stu_Gender = rdioM.Text;
        }
        else if (rdioF.Checked)
        {
            student.Stu_Gender = rdioF.Text;
        }
        else
        {
            student.Stu_Gender = "";
        }
        student.Stu_IsValid = chkstu.Checked;  //确认身份是否有效
        DdoStudent.Add(student);  //调用 DdoStudent 类的 Add 方法完成注册
    }
```

（3）在上述"注册"按钮的单击事件中调用 DdoStudent 类的 Add 方法，这是一个自定义方法，在 ToDBS 类库中打开 DdoStudent.cs 文件，添加该方法的代码如下：

```csharp
public static void Add(StuInfo student)
{
    //提倡使用参数方式
    string sql = "insert into StuInfo (Stu_Gender, Stu_Name, Stu_PassWord, Stu_Dept, Stu_Major, Stu_PetName, Stu_IsValid, Stu_EnrolmentYear) values('" +
    //注：以上两行代码在实际程序中是不能换行的，若换行需用"+"号连接
    student.Stu_Gender +"','" + student.Stu_Name + "','" + student.Stu_PassWord + "','" +student.Stu_Dept+ "','"+ student.Stu_Major+ "','" + student.Stu_PetName+ "','" +student.Stu_IsValid+ "','" +student.Stu_EnrolmentYear + "')";
    SqlConnection conn = DBHelper.GetConnection();
    conn.Open();
    SqlCommand cmmd = DBHelper.GetCommand();
    cmmd.CommandText = sql;
    cmmd.Connection = conn;
    cmmd.ExecuteNonQuery();
    conn.Close();
}
```

任务 8-5　个人主页的数据显示

在用户完成注册后，需要在登录页面进行登录，才能跳转至个人主页，在个人主页中通过不同的链接页面，可以查看登录者的个人信息和日志文章等内容。

（1）用户登录个人主页：

登录页面（"LoginPage.aspx"，图 3-2）的"登录"按钮的单击事件代码如下：

```csharp
protected void btnLogin_Click(object sender, EventArgs e)
```

```
        }
            //使用学生在登录界面输入的昵称实例化学生的实例
              StuInfo student = new StuInfo( txtuserName. Text. Trim( ) );
            //判断输入的用户名或密码是否正确
              if ( student. Stu_PetName = = txtuserName. Text. Trim( ) &&
                 student. Stu_PassWord = = txtPassword. Text. Trim( ) )
              {
            //使用Session存储登录者的昵称信息
                  Session[ "Stu_PetName" ] = txtuserName. Text. Trim( );
                  Response. Redirect( "PersonalPage. aspx" );    //页面跳转
              }
              else //用户名或密码不匹配,给用户显示提示信息
              {
                  lblMessage. Text = "用户名或密码不正确,请重新输入!";
              }
        }
```

(2)登录到个人主页("PersonalPage. aspx")后,"发表我的日志"链接到日志发表页面。而用户发表日志文章的过程就是在数据库中插入一条数据记录,其方式与用户注册是相同的,放在习题中完成,这里不再重复。

(3)登录到个人主页("PersonalPage. aspx")后,在个人主页加载登录学生所发表的所有日志文章,个人主页界面设计如图8-3所示。

图8-3 个人主页界面

(4)在个人主页"我的文章"部分显示登录用户文章,该区域代码为:
```
<fieldset>
    <legend>我的文章</legend>
    <div>
        <asp：Repeater runat = " server"  ID = " rptShowTitle" >
            <ItemTemplate>
```

```
                <div>
                    <asp：LinkButton KeyValue='<%#Eval("Article_ID")%>' runat="
server" ID="lbtnTitle" Text='<%#Eval("Article_Title")%>'
                        OnClick="lbtnTitle_Click"></asp：LinkButton><br />
                    <font size="1">发表时间：<%#Eval("Article_PublishTime","{0:
d}")%></font>
                </div>
            </ItemTemplate>
        </asp：Repeater>
    </div>
</fieldset>
```

说明：上述代码中使用 LinkButton 控件实现单击（OnClick 事件）日志文章标题，跳转到日志文章编辑页面，在这里为该控件添加了 KeyValue 属性，该属性存储了用户发表文章的 ID（数据表中的 Artic_ID 字段）。发表时间使用"{0：d}"，去掉时间的时、分、秒，只显示年、月、日。

（5）在"PersonalPage.aspx.cs"文件的页面加载事件中添加以下代码，可实现页面一加载就能显示学生的文章：

```
protected void Page_Load(object sender, EventArgs e)
{
    if(!IsPostBack)
    {
        //获取登录时传递的 Session 值
        string stu_petname = Session["Stu_PetName"].ToString();
        lblstu.Text = stu_petname;
        //使用登录学生昵称实例化该学生实例
        StuInfo student = new StuInfo(stu_petname);
        int stu_ID = student.Stu_ID;   //获取学生的 ID 号
        //调用 DdoArticle 类的 GetArticles 方法，获取 Repeater 控件所显示的数据
        //该方法具有一个 int 类型参数，将登录学生的 ID 号传给方法
        rptShowTitle.DataSource = DdoArticle.GetArticles(stu_ID);
        rptShowTitle.DataBind();
    }
}
```

（6）在上述事件代码中，使用了 DdoArticle 类的 GetArticles 方法。在 ToDB 类库中打开 DdoArticle.cs 文件，添加 GetArticles 方法的逻辑：

```
public static DataTable GetArticles(int stu_ID)
{
    //准备 SQL 语句
    string sql = "select * from Article where Stu_ID=" + stu_ID;
    //调用 DBHelper 类的 GetDataTable 方法获取 DataTable 数据集
```

```
            return DBHelper.GetDataTable(sql);
        }
```

(7) 返回到"PersonalPage.aspx.cs"文件中，添加 LinkButton 的单击事件，用于实现单击标题，页面跳转至文章编辑页面("PersonalEditArticle.aspx")。具体代码如下：

```
protected void lbtnTitle_Click(object sender, EventArgs e)
        {
            //事件触发者为 LinkButton，将 sender 做类型转换
            LinkButton linkArticle = sender as LinkButton;
            //获取 LinkButton 控件的 KeyValue 属性值
            int article_ID = Convert.ToInt32(linkArticle.Attributes["KeyValue"]);
            string stu_petname = Session["Stu_PetName"].ToString();
            //通过 Response 传递参数的方式进行页面跳转，
            //参数包括日志文章的 ID 号和当前登录学生的昵称
            Response.Redirect("~/PersonalEditArticle.aspx?article_id=" + article_ID +
            "&stu_petname=" + stu_petname);
        }
```

任务 8-6　数据修改和删除及参数对象使用

(1) 在上一个任务中，实现了选择日志文章标题，页面跳转至日志文章编辑页面(PersonalEditArticle.aspx)的功能，编辑页面设计如图 8-4 所示。

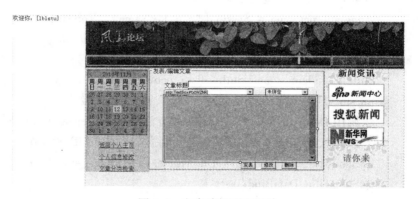

图 8-4　文章编辑页面设计

(2) 页面跳转后，首次加载显示在个人主页单击的文章标题对应的日志文章的内容等信息。

```
protected void Page_Load(object sender, EventArgs e)
        {
            if (!IsPostBack)
            {
                //获取登录用户昵称
```

```
            string stu_petname = Request.QueryString["stu_petname"];
            lblstu.Text = stu_petname;
            //获取被选中的文章ID号
            int article_id = Convert.ToInt32(Request.QueryString["article_id"]);
            Article article = new Article(article_id);
            txtWZNR.Text = article.Article_Content;
            txtTitle.Text = article.Article_Title;
        }
    }
```

（3）"修改"按钮的单击事件代码如下：
```
protected void btnUpDate_Click(object sender, EventArgs e)
    {
            int article_id = Convert.ToInt32(Request.QueryString["article_id"]);
            string stu_petname = Request.QueryString["stu_petname"];
            lblstu.Text = stu_petname;
            Article article = new Article(article_id);
            StuInfo student = new StuInfo(stu_petname);
            //为Article实例化的属性赋修改的新值
            article.Article_IsValid = true;
            article.Article_Content = txtWZNR.Text.Trim();
            article.Article_PublishTime = DateTime.Now;
            article.Article_SecondType = ddlEJWZLX.SelectedValue;
            article.Article_Title = txtTitle.Text.Trim();
            article.ArticleType_ID = Convert.ToInt32(ddlYJWZLX.SelectedValue);
            article.Stu_ID = student.Stu_ID;
            //调用DdoArticle类的UpDateArticle方法，并传递参数指定修改的文章
            DdoArticle.UpDateArticle(article);
    }
```

（4）在上述修改事件中，调用了 DdoArticle 类的 UpDateArticle 方法，下面补充该方法的逻辑。打开 ToDB 类库的 DdoArticle.cs 文件，添加 UpDateArticle 方法，代码如下：
```
public static void UpDateArticle(Article article)
    {
        string sql = "update Article set
            Article_IsValid=@Article_IsValid, Article_Content=@Article_Content,
            Article_PublishTime=@, Article_SecondType=@Article_SecondType,
Article_Title=@Article_Title, Stu_ID=@Stu_ID ArticleType_ID=@ArticleType_ID where Article_ID=@Article_ID";
//以上代码在程序中不能换行
        SqlConnection conn = DBHelper.GetConnection();
        conn.Open();
```

```csharp
SqlCommand command = DBHelper.GetCommand();
command.CommandText = sql;
command.Connection = conn;
SqlParameter para = DBHelper.GetPara("@Article_IsValid", true);
command.Parameters.Add(para);
para = DBHelper.GetPara("@Article_Content", article.Article_Content);
command.Parameters.Add(para);
para = DBHelper.GetPara("@Article_PublishTime", DateTime.Now);
command.Parameters.Add(para);
para = DBHelper.GetPara("@Article_SecondType", article.Article_SecondType);
command.Parameters.Add(para);
para = DBHelper.GetPara("@Article_Title", article.Article_Title);
command.Parameters.Add(para);
para = DBHelper.GetPara("@ArticleType_ID", article.ArticleType_ID);
command.Parameters.Add(para);
para = DBHelper.GetPara("@Stu_ID", article.Stu_ID);
command.Parameters.Add(para);
para = DBHelper.GetPara("@Article_ID", article.Article_ID);
command.Parameters.Add(para);
command.ExecuteNonQuery();
conn.Close();
}
```

通过以上任务 8-4 至任务 8-6 完成了一个完整的学生从注册到数据操作的流程。其他业务流程将在课后练习中完成。

任务 8-7　ExecuteScalar 方法的使用

ExecuteScalar 方法用于查询数据库中的数据并返回查询结果的首行首列。利用该方法可以判断用户在注册的时候昵称是否存在，如果存在就返回数据首行首列，不存在则返回 null。下面对用户注册页面的注册事件加入同名验证。

（1）"注册"按钮的单击事件代码如下，注意加粗字体为添加或改动的代码行：

```csharp
protected void btnRegister_Click(object sender, EventArgs e)
{
    StuInfo student = new StuInfo();
    student.Stu_Major = Convert.ToInt32(ddlmajor.SelectedValue);
    student.Stu_Dept = Convert.ToInt32(ddldept.SelectedValue);
    student.Stu_PetName = txtpetname.Text.Trim();
    //student.Stu_PassWord = txtPassword.Text.Trim();
    student.Stu_PassWord = txtPassword.Text.Trim();
    student.Stu_Name = txtname.Text.Trim();
```

```csharp
            student.Stu_EnrolmentYear = txttime.Text.Trim();
            if (rdioM.Checked)
            {
                student.Stu_Gender = rdioM.Text;
            }
            else if (rdioF.Checked)
            {
                student.Stu_Gender = rdioF.Text;
            }
            else
            {
                student.Stu_Gender = "";
            }
            student.Stu_IsValid = chkstu.Checked;
            //调用 IsHave 方法并传递参数,判断输入的昵称是否存在
            if (DdoStudent.IsHave(txtpetname.Text.Trim()))
            {
                labInfo.Text = "您的用户昵称已经被占用,请更换!";
            }
            else
            {
                DdoStudent.Add(student);
            }
}
```

(2) 在"DdoStudent.cs"文件中,添加 IsHave 方法:

```csharp
public static bool IsHave(string petName)
    {
        string sql = "SELECT Stu_PetName FROM StuInfo WHERE Stu_PetName=" + petName;
        object obj = DBHelper.ExcuteScalar(sql);
        return (obj != null);
    }
```

通过以上 7 个实训任务,完成了 ADO.NET 访问数据库的全部过程,并实现了数据操作。在项目的业务层(Business 类库),除任务中使用的 StuInfo、Major、Department 类,还包括文章(Article.cs)、文章类型(ArticleType.cs)、管理员(Manager.cs)自定义类,其成员与属性分别如下:

(1) Article 成员及属性:

```csharp
public    class Article
    {
        private int _Article_ID;
```

```csharp
public int Article_ID
{
    get { return _Article_ID; }
    set { _Article_ID = value; }
}
private int? _ArticleType_ID;
public int? ArticleType_ID
{
    get { return _ArticleType_ID; }
    set { _ArticleType_ID = value; }
}
private ArticleType _ArticletypeObj;
public ArticleType ArticletypeObj
{
    get
    {
        if (_ArticleType_ID.HasValue && _ArticletypeObj == null)
        {
            _ArticletypeObj = new ArticleType(_ArticleType_ID.Value);
        }
        return _ArticletypeObj;
    }
    //set { _ArticletypeObj = value; }
}
private int? _Stu_ID;
public int? Stu_ID
{
    get { return _Stu_ID; }
    set { _Stu_ID = value; }
}
private StuInfo _SutInfoObj = null;
public StuInfo SutInfoObj
{
    get
    {
        if (_Stu_ID != 0 && _SutInfoObj == null)
        {
            _SutInfoObj = new StuInfo(_Stu_ID.Value);
        }
        return _SutInfoObj;
```

```csharp
        }
        //set { _SutInfoObj = value; }
    }
    private string _Article_Title;
    public string Article_Title
    {
        get { return _Article_Title; }
        set { _Article_Title = value; }
    }
    private string _Article_Content;
    public string Article_Content
    {
        get { return _Article_Content; }
        set { _Article_Content = value; }
    }
    private string _Article_SecondType;
    public string Article_SecondType
    {
        get { return _Article_SecondType; }
        set { _Article_SecondType = value; }
    }
    private DateTime _Article_PublishTime;
    public DateTime Article_PublishTime
    {
        get { return _Article_PublishTime; }
        set { _Article_PublishTime = value; }
    }
    private bool _Article_IsValid;
    public bool Article_IsValid
    {
        get { return _Article_IsValid; }
        set { _Article_IsValid = value; }
    }
    public Article() { }
    public Article(int article_id)
    {
        SqlConnection conn = DBHelper.GetConnection();
        conn.Open();
        string sql = "select * from Article where Article_ID=" + article_id;
        SqlCommand command = new SqlCommand();
```

```csharp
            command.Connection = conn;
            command.CommandText = sql;
            SqlDataReader reader = DBHelper.ExecuteReader(conn, sql);
            if (reader.Read())
            {
                _Article_ID = article_id;
                _Article_Content = reader["Article_Content"].ToString();
                _Article_IsValid = Convert.ToBoolean(reader["Article_IsValid"]);
                _Article_PublishTime =
                Convert.ToDateTime(reader["Article_PublishTime"]);
                _Article_SecondType = reader["Article_SecondType"].ToString();
                _Article_Title = reader["Article_Title"].ToString();
                _ArticleType_ID = Convert.ToInt32(reader["ArticleType_ID"]);
                _Stu_ID = Convert.ToInt32(reader["Stu_ID"]);
            }
            conn.Close();
            reader.Close();
        }
    }
```

(2) ArticleType 的成员及属性：
```csharp
public class ArticleType
{
    private int _ArticleType_ID;
    public int ArticleType_ID
    {
        get { return _ArticleType_ID; }
        set { _ArticleType_ID = value; }
    }
    private string _ArticleType_Name;
    public string ArticleType_Name
    {
        get { return _ArticleType_Name; }
        set { _ArticleType_Name = value; }
    }
    private string _ArticleType_FirstType;
    public string ArticleType_FirstType
    {
        get { return _ArticleType_FirstType; }
        set { _ArticleType_FirstType = value; }
```

```csharp
    }
    public ArticleType() { }
    public ArticleType(int type_id)
    {
        SqlConnection conn = DBHelper.GetConnection();
        conn.Open();
        string sql = "select * from ArticleType where ArticleType_ID=" + type_id;
        SqlCommand command = new SqlCommand();
        command.Connection = conn;
        command.CommandText = sql;
        SqlDataReader reader = DBHelper.ExecuteReader(conn, sql);
        if (reader.Read())
        {
            _ArticleType_ID = type_id;
            _ArticleType_Name = reader["ArticleType_Name"].ToString();
            _ArticleType_FirstType = reader["ArticleType_FirstType"].ToString();
        }
        conn.Close();
        reader.Close();
    }
}
```

（3）Manager 类的成员及属性：

```csharp
public class Manager
{
    private int _Admin_ID;
    public int Admin_ID
    {
        get { return _Admin_ID; }
        set { _Admin_ID = value; }
    }
    private string _Admin_PassWord;
    public string Admin_PassWord
    {
        get { return _Admin_PassWord; }
        set { _Admin_PassWord = value; }
    }
    private string _Admin_Name;
    public string Admin_Name
```

```csharp
    }
        get { return _Admin_Name; }
        set { _Admin_Name = value; }
}
public Manager() { }
public Manager(int admin_id)
{
    SqlConnection conn = DBHelper.GetConnection();
    conn.Open();
    string sql = "select * from Manager where Admin_ID=" +admin_id;
    SqlCommand command = DBHelper.GetCommand();
    command.Connection = conn;
    command.CommandText = sql;
    SqlDataReader reader = DBHelper.ExecuteReader(conn, sql);
    if (reader.Read())
    {
        _Admin_ID = admin_id;
        _Admin_Name = reader["Admin_Name"].ToString();
        _Admin_PassWord = reader["Admin_PassWord"].ToString();
    }
}
public Manager(string admin_name)
{
    SqlConnection conn = DBHelper.GetConnection();
    conn.Open();
    string sql = "select * from Manager where Admin_Name='" + admin_name+"'";
    SqlCommand command = DBHelper.GetCommand();
    command.Connection = conn;
    command.CommandText = sql;
    SqlDataReader reader = DBHelper.ExecuteReader(conn, sql);
    if (reader.Read())
    {
        _Admin_ID = Convert.ToInt32(reader["Admin_ID"]); ;
        _Admin_Name = admin_name;
        _Admin_PassWord = reader["Admin_PassWord"].ToString();
    }
```

```
            conn.Close();
            reader.Close();
        }
    }
```

练 习 8

根据本章实训内容，完成个人信息修改页面的数据操作，如新增日志文章、修改用户信息等。

第 9 章 数 据 绑 定

本章实训对应教材的"第 9 章 数据绑定"。数据绑定是 ASP.NET 实现数据访问的又一方式,教材介绍了简单数据绑定与复杂数据绑定,通过示例讲解了标准服务器控件与复杂数据服务器控件数据绑定的过程。本实训内容在教材的基础上结合项目,完成了项目中不同页面所需要的数据绑定。

本章实训任务:
- ListBox 控件数据绑定;
- DropDownList 与 Repeater 控件数据绑定。

任务 9-1 ListBox 数据绑定

修改注册页面(RegisterPage.aspx)中密码提示问题的手动添加方式,将 ListBox 控件数据源绑定到数据库(ForumDB)的"PassWordReset"表。为了演示方便,将 ListBox 控件独立到新的 Web 窗体进行操作。

(1) 在 OurForum 项目中添加 Web 窗体"测试.aspx",在页面中添加 ListBox 控件和一个 Button 控件,为 Button 控件添加单击事件,代码如下:

```
<div align="center" style=" margin-top:30px;margin-left:auto;margin-right:auto;">
    请选择重置密码提示问题:<asp:ListBox runat="server" ID="lboxPWDReset">
    </asp:ListBox><br />
    <asp:Button runat="server" ID="btnPost" Text="注册" onclick="btnPost_Click" />
</div>
```

(2) 引入命名空间:

```
using Business;
using System.Data.SqlClient;
using DBCommonFunction;
```

(3) 在"测试.aspx.cs"代码文件的页面加载事件中添加如下代码:

```
protected void Page_Load(object sender, EventArgs e)
{
    if(!IsPostBack)//避免回发数据丢失,使 labMSG 文本框无法获取选中的值
    {
        //读取数据
        SqlConnection lboxConn = DBHelper.GetConnection();
        lboxConn.Open();
        string sql = "select * from PassWordReset";
```

```
            SqlCommand command = DBHelper.GetCommand();
            command.Connection = lboxConn;
            command.CommandText = sql;
            SqlDataReader reader = DBHelper.ExecuteReader(lboxConn, sql);
            //为 lboxPWDReset 绑定数据
            lboxPWDReset.DataSource = reader; //设置 lboxPWDReset 数据源
            //指定 lboxPWDReset 显示文本的字段
            lboxPWDReset.DataTextField = "PWDRest_Content";
            //指定 lboxPWDReset 的 value 值字段
            lboxPWDReset.DataValueField = "PWDRset_ID";
            lboxPWDReset.DataBind(); //绑定数据
            reader.Close();
            lboxConn.Close();
        }
    }
```

(4)在按钮的单击事件中添加如下代码：
```
protected void btnPost_Click(object sender, EventArgs e)
    {
        if (lboxPWDReset.SelectedItem != null)
        {
            string msg = lboxPWDReset.SelectedItem.ToString();
            labMSG.Text = "您选择的提示问题是：""" + msg+""" + "，请牢记!";
        }
        else
        {
            labMSG.Text = "您没有选择提示问题";
        }
    }
```

(5)在浏览器中查看该文件，没有选择任何提示问题，单击"注册"按钮，效果如图 9-1 所示，选择某一提示问题后，单击"注册"，效果如图 9-2 所示。

图 9-1　未选择提示问题

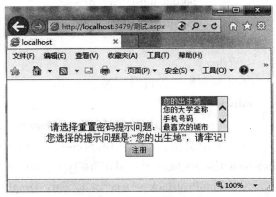

图 9-2　显示提示问题

任务 9-2　DropDownList 控件与 Repeater 控件数据绑定

在"大学生校内论坛"后台管理页面，管理员为了管理用户发表的日志文章，常常需要按照不同类型进行文章查询，本实训使用 DropDownList 控件绑定到数据库日志文章类型，并按照选择的类型进行日志文章查询，查询到的数据绑定到 Repeater 控件进行显示。

（1）打开"BKArticleList.aspx"文件，在页面中添加 2 个下拉框控件，1 个按钮控件和 1 个 Repeater 控件。

（2）Repeater 控件采用 Table 布局并设置其样式，并绑定日志文章表中的文章标题（Article_ID）、文章作者（Stu_PetName）和是否有效（Article_IsValid）3 个字段，具体代码如下：

①表格样式：

```
<style type="text/css">
    td
    {
        border-left: 1px;
        border-left-color: Black;
        border-left-style: solid;
        border-bottom: 1px;
        border-bottom-color: Black;
        border-bottom-style: solid;
    }
    table
    {
        width: 100%;
        border-right: 1px;
        border-right-color: Black;
        border-right-style: solid;
        border-top: 1px;
        border-top-color: Black;
        border-top-style: solid;
    }
</style>
```

②页面布局、控件及属性：

```
<div>
    <div style="margin-left: auto; margin-right: auto; width: 800px;">
        文章类型：<asp:DropDownList runat="server" ID="ddlFirstType" Width="120px" OnSelectedIndexChanged="ddlFirstType_SelectedIndexChanged"
        AutoPostBack="true"></asp:DropDownList>
        <asp:DropDownList runat="server" ID="ddlSecondType" Width="100px">
```

```aspx
        </asp：DropDownList>
        <asp：Button runat="server" ID="btnQuery" Text="查询"
OnClick="btnQuery_Click" />
    </div>
    <div style="margin-left：auto；margin-right：auto；width：800px；">
        <asp：Repeater runat="server" ID="rptarticle">
            <HeaderTemplate>
                <table>
                    <tr>
                        <td>
                            标题
                        </td>
                        <td>
                            作者
                        </td>
                        <td>
                            是否有效
                        </td>
                    </tr>
            </HeaderTemplate>
            <ItemTemplate>
                    <tr>
                        <td>
                            <asp：LinkButton KeyValue='<%#Eval("Article_ID")%>' runat="server" ID="lbtnRowNum"
                                Text='<%#Eval("Article_Title")%>'></asp：LinkButton>
                        </td>
                        <td width="200px">
                            <%#Eval("Stu_PetName")%>
                        </td>
                        <td width="90px">
                            <asp：CheckBox runat="server" ID="ckArticle" Checked='<%#Eval("Article_IsValid")%>' />
                        </td>
                    </tr>
            </ItemTemplate>
            <FooterTemplate> </table></FooterTemplate>
        </asp：Repeater>
    </div>
</div>
```

(3) 打开"BKArticleList.aspx.cs"文件，引用所需的命名空间：
using DBCommonFunction;
using Business;
using ToDB;

(4) 打开"BKArticleList.aspx.cs"文件，在页面首次加载时进行下拉框与 Repeater 控件的数据绑定：

```
protected void Page_Load(object sender, EventArgs e)
    {
        if (! IsPostBack)
        {
            //初始化文章类型中的一级类型数据，调用数据处理层 DdoArticleType 类
              的 GetArticleType_FirstType 方法
            ddlFirstType.DataSource = DdoArticleType.GetArticleType_FirstType("无");
            ddlFirstType.DataTextField = "ArticleType_Name";//指定下拉框显示文本
            ddlFirstType.DataValueField = "ArticleType_ID";//指定下拉框的 Value 值
            ddlFirstType.DataBind();//将数据绑定到下拉框
            ddlFirstType.Items.Add(new ListItem("--请选择--","0"));
            ddlFirstType.SelectedValue = "0";//默认首次加载显示"请选择"字样
            //页面首次加载日志文章的二级类型，默认显示文本为"请选择"
            ddlSecondType.Items.Add(new ListItem("--请选择--","0"));
            ddlSecondType.SelectedValue = "0";
            //调用数据处理层 DdoArticle 类的 GetArticle 方法，获取数据
            rptarticle.DataSource = DdoArticle.GetArticle();//获取日志文章
            rptarticle.DataBind();//将数据绑定到 Repeater 控件
        }
    }
```

(5) 以上使用了两个自定义方法，DdoArticleType 类的 GetArticleType_FirstType 方法和 DdoArticle 类的 GetArticle 方法，两个方法均在数据处理层，即 ToDB 类库中。在 ToDB 类库中打开 DdoArticleType.cs 文件，在其中添加命名空间：
using DBCommonFunction;
添加如下成员方法及逻辑代码：

```
public static object GetArticleType_FirstType(string p)
    {
        string sql = "SELECT * FROM ArticleType WHERE ArticleType_FirstType='" + p + "'";
        return DBHelper.GetDataTable(sql);
    }
```

(6) 在 DdoArticle.cs 文件中添加命名空间：
using DBCommonFunction;
添加如下成员方法及逻辑代码：

```csharp
public static DataTable GetArticle()
{
    string sql = "SELECT a.*, b.Stu_PetName FROM Article a, StuInfo b WHERE a.Stu_ID=b.Stu_ID";  //注：实际程序中不应换行
    return DBHelper.GetDataTable(sql);
}
```

说明：以上方法中调用的 DBHelper 类的 GetDataTable(string q)方法，在上一章实训中已经添加，这里不再重复。

（7）返回到"BKArticleList.aspx.cs"文件，添加日志文章一级类型下拉框（ID = ddlFirstType）的 OnSelectedIndexChanged 事件，代码如下：

```csharp
protected void ddlFirstType_SelectedIndexChanged(object sender, EventArgs e)
{
    //获取选中项的文本，即一级类型名称
    string firstType = ddlFirstType.SelectedItem.ToString();
    //使用一级类型名称查询该级别下的二级类型
    ddlSecondType.DataSource = DdoArticleType.GetArticleType_SecondType(firstType);
    ddlSecondType.DataTextField = "ArticleType_Name";  //指定下拉框显示的文本
    ddlSecondType.DataValueField = "ArticleType_ID";  //指定下拉框的 Value 值
    ddlSecondType.DataBind();
}
```

（8）上述事件中使用了 DdoArticleType 类的 GetArticleType_SecondType 方法，打开 DdoArticleType.cs 文件，添加如下成员方法及逻辑代码：

```csharp
public static object GetArticleType_SecondType(string firstType)
{
    string sql = "SELECT * FROM ArticleType WHERE ArticleType_FirstType = '" + firstType + "'";
    return DBHelper.GetDataTable(sql);
}
```

（9）返回到"BKArticleList.aspx.cs"文件，添加按钮单击事件代码：

```csharp
protected void btnQuery_Click(object sender, EventArgs e)
{
    //获取选择项的一级日志文章类型的 ID 值
    int firstType = Convert.ToInt32(ddlFirstType.SelectedValue);
    //获取选择项的二级日志文章类型的 ID 值
    int secongType = Convert.ToInt32(ddlSecondType.SelectedValue);
    //根据选择项的一级类型 ID 和二级类型 ID 查询符合条件的日志文章
    rptarticle.DataSource = DdoArticle.QueryArticle(firstType, secongType);
    rptarticle.DataBind();
}
```

（10）在按钮事件中使用 DdoArticle 类的 QueryArticle 方法，打开 DdoArticle.cs 文件，添加如下成员方法及逻辑代码：

public static DataTable QueryArticle(int firstType, int secongType)
｛
　　string sql = " SELECT a. * , b. Stu_PetName FROM Article a，StuInfo b WHERE a. Stu_ID = b. Stu_ID and Article_SecondType = " + //实际程序中该行与上一行代码不应换行
　　secongType + " and ArticleType_ID = " + firstType；
　　return DBHelper. GetDataTable(sql)；
｝

（11）运行程序，页面首次加载如图 9-3 所示，选择一定条件后，单击"查询"按钮，将符合条件的数据绑定到 Repeater 控件中，如图 9-4 所示。

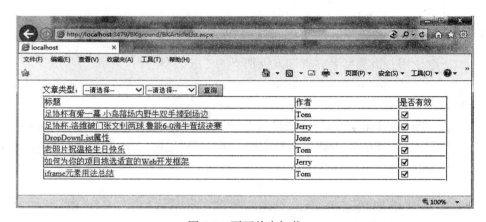

图 9-3　页面首次加载

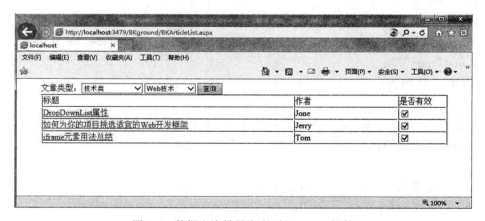

图 9-4　数据查询结果绑定到 Repeater 控件

练　习　9

1. 通过本章的实训，完成了后台管理员查看日志文章数据的过程，但尚未实现数据操

作，后台管理员对文章只起到审核的作用，因此，只需要修改文章"是否有效"或者"删除"文章即可，利用上一章实训内容，结合本章知识，实现管理员对文章的审核。

2. 完成管理员对注册用户信息的查询与审核。

第10章 网站导航

本章实训内容对应教材的"第 11 章 网站导航"。本章教材介绍了 SiteMapPath 控件、SiteMapDataSource 控件、Menu 控件以及 TreeView 控件的使用,本章实训内容利用站点地图文件和导航空间完成项目中首页和个人主页两个页面的导航功能。

本章实训任务:
● 使用 SiteMapPath、SiteMapDataSource 与 Menu 控件完成首页的"友情链接"站点导航;
● 使用 TreeView 控件完成个人主页文章分类检索。

任务 10-1　SiteMapPath、SiteMapDataSource 与 Menu 控件的使用

(1) 在实训项目首页边栏中有关于校内或校外的快速链接导航,其页面效果如图 10-1 所示,下面使用 SiteMapPath、SiteMapDataSource 与 Menu 控件完成该导航功能。

图 10-1　站点导航效果

(2) 在"解决方案资源管理器"中,右键项目名称,在弹出的菜单中选择"添加"|"新建项",在打开的对话框"Visual C#"中的"Web"节点下选择"站点地图",如图 10-2 所示。根目录下的站点地图不允许修改文件名称,直接单击"添加"即可。

(3) 打开站点地图,添加以下代码:
<siteMap xmlns = " http：//schemas. microsoft. com/AspNet/SiteMap-File-1. 0" >
　<siteMapNode url = " HomePage. aspx" title = " " description = " 主页导航">
　　<siteMapNode url = " http：//www. heut. edu. cn/" title = " 校内链接" description = " " >
　　　<siteMapNode url = " http：//jwc. heuu. edu. cn/" title = "教务处" ></siteMapNode>
　　　<siteMapNode url = " http：//zsjyc. heuu. edu. cn/" title = "招生就业处" >

图 10-2　添加 Web.sitemap 文件

　　　　</siteMapNode>
　　　　<siteMapNode url=http：//www.heut.edu.cn/col/1374810842117/index.html　title="部门查询"></siteMapNode>
　　　　<siteMapNode url="http：//tw.heuu.edu.cn/UI/Default.aspx" title="团委">
　　　　</siteMapNode>
　　</siteMapNode>
　　<siteMapNode url="HomePage.aspx？yh=0" title="公共资源"　description="">
　　　　<siteMapNode url="http：//emuch.net" title="小木虫学术论坛">
　　　　</siteMapNode>
　　　　<siteMapNode url="http：//bbs.csdn.net/home" title="CSDN 最大的 IT 交流社区">
　　　　</siteMapNode>
　　　　<siteMapNode url="http：//msdn.microsoft.com" title="MSDN 在线帮助">
　　　　</siteMapNode>
　　</siteMapNode>
</siteMapNode>
</siteMap>

（4）在首页"HomePage.aspx"文件的对应区域中添加 SiteMapDataSource 控件与 Menu 控件，代码如下：

```
<div style=" margin-top：30px；margin-left：7px；">
　<h3 align="center">--友情链接--</h3>
　　<asp：Menu ID="Menu1" runat="server" DataSourceID="SiteMapDataSource1"
　　　　StaticDisplayLevels="3">
　　</asp：Menu>
　　<asp：SiteMapDataSource ID="SiteMapDataSource1" runat="server" />
```

</div>

以上使用一个站点地图文件完成了站点导航功能,有时候会有两个或多个站点地图使用,此时需要在 Web.config 文件或者通过父链接到子的方式配置多个站点地图,具体操作方法可以参看教材第 11 章"11.1.2 配置多个站点地图文件"的相关内容。

任务 10-2　TreeView 控件绑定到数据库实现导航功能

在论坛项目中个人主页的"文章分类检索"链接跳转至文章检索页面("PersonArticleList.aspx"),可以根据文章的类型进行检索。在本项目中日志文章有两个一级类型,每个一级类型下面又有多个子类型,文章类型为数据库中的数据表,类型名称为数据库中的字段名,下面使用 TreeView 控件采用递归方式绑定文章类型。

(1) 分类检索页面("PersonArticleList.aspx")的主要控件包括一个 Repeater 控件,一个 TreeView 控件:

组侧边栏 TreeView 控件:

<asp:TreeView runat="server" BorderWidth="0px" ID="Tree" ShowLines="true" NavigateUrl="~PersonArticleList.aspx.aspx" Font-Overline="false" Target="main">

</asp:TreeView>

数据区域 Repeater 控件:

```
<asp:Repeater runat="server" ID="rptShowTitle">
    <ItemTemplate>
     <div>
        <asp:LinkButton KeyValue='<%#Eval("Article_ID") %>' runat="server" ID="lbtnTitle" Text='<%#Eval("Article_Title") %>' OnClick="lbtnTitle_Click"></asp:LinkButton><br />
        <font size="1">发表时间:<%#Eval("Article_PublishTime", "{0:d}")%></font>
     </div>
    </ItemTemplate>
</asp:Repeater>
```

(2) 在页面加载事件中添加如下代码:

```
protected void Page_Load(object sender, EventArgs e)
    {
        if (!IsPostBack)
        {
            //调用 DdoArticleType 类的 GetArticle_firstType
            DataTable table = DdoArticleType.GetArticle_firstType("无");
            foreach (DataRow row in table.Rows)
            {
                int article_id = Convert.ToInt32(row["ArticleType_ID"]);
                ArticleType articleType = new ArticleType(article_id);
```

```
                    TreeNode root = new TreeNode(articleType.ArticleType_Name,
articleType.ArticleType_ID.ToString());    //以上两行不换行
                    Tree.Nodes.Add(root);
                    IList<ArticleType> listType = DdoArticleType.GetChildNodes
(articleType.ArticleType_Name);
                    //以上两行不换行
                    foreach(ArticleType childType in listType)
                    {
                        TreeNode childnode = new TreeNode(childType.ArticleType_Name,
childType.ArticleType_ID.ToString());
                        //以上三行不换行,使用根节点和日志文章类型创建子节点
                        childnode.NavigateUrl = "PersonArticleList.aspx?childArticleType_
ID=" + childType.ArticleType_ID;
                        root.ChildNodes.Add(childnode);
                    }
                }
                int childArticleType_ID = Convert.ToInt32(Request.QueryString
["childArticleType_ID"]);
                //以上两行不换行,获取子类型的ID值
                int stu_petname = Convert.ToInt32(Session["stu_petName"]);
                rptShowTitle.DataSource = DdoArticle.GetArticles(stu_petname,
childArticleType_ID);    //与上一行不换行
                rptShowTitle.DataBind();
            }
        }
```

说明:在实际程序中,代码不能够换行执行,上述标出了不能够换行的代码行,在使用代码时需要注意。

(3) 在ToDB类库中打开DdoArticleType.cs文件,添加GetArticle_firstType方法:

```
public static DataTable GetArticle_firstType(string nofirst)
{
    string sql =
        "SELECT * FROM ArticleType WHERE ArticleType_FirstType='" +
        nofirst + "'";
    return DBHelper.GetDataTable(sql);;
}
```

(4) 在DdoArticleType.cs文件,添加GetChildNodes方法:

```
public static IList<ArticleType> GetChildNodes(string article_name)
{
    string sql =
"SELECT ArticleType_Name FROM ArticleType WHERE ArticleType_FirstType='" + article_
```

```
name + "'";  //与上一行不换行
            SqlConnection conn = DBHelper.GetConnection();
            conn.Open();
            SqlDataReader reader = DBHelper.ExecuteReader(conn, sql);
            string childArticle_Name = "";
            IList<ArticleType> list = new List<ArticleType>();
            while (reader.Read())
            {
                childArticle_Name = reader["ArticleType_Name"].ToString();
                ArticleType article = new ArticleType(childArticle_Name);
                list.Add(article);
            }
            reader.Close();
            conn.Close();
            return list;
        }
```

说明：上述点击不同日志文章类型会加载登录用户发表的该类型文章，因此，Repeater 控件获取数据的方法 GetArticles 有两个参数，一个是用户登录昵称，一个为文章类型的 ID 号，通过两个条件查到符合要求的文章类型。该方法的逻辑与上一章节中使用一个参数的查询逻辑相似，差别只在于 SQL 语句，此部分作为课后练习进行训练。

练 习 10

完成后台页面管理员对用户信息及发表的日志文章的查询。

第11章 ASP.NET AJAX 实训

本章实训内容对应教材的"第 12 章 ASP.NET AJAX"。本章教材介绍了 ASP.NET AJAX 的运行机制和技术特点,介绍了 ScriptManager 控件、UpdatePanel 控件和 Timer 控件以及触发器的使用。本章实训内容结合项目,强化了 ASP.NET AJAX 技术的使用。

本章实训任务:
- 使用 AJAX 完善注册页面;
- 使用触发器实现日志文章的无刷新更新。

任务 11-1 使用 AJAX 完善注册页面

在第 8 章实训中,用户注册信息选择所在学院后会自动触发下拉框的 onselectedindexchanged="ddldept_SelectedIndexChanged"事件,使得页面刷新后丢失密码文本框的值。因此,我们利用 AJAX 使下拉框的 onselectedindexchanged 事件在触发时,局部刷新页面,避免密码文本框中的值丢失。

(1)首先要在<form id="form1" runat="server">标签后添加 ScriptManager 控件:

<asp:ScriptManager ID="ScriptManager1" runat="server"></asp:ScriptManager>

(2)使用 UpdatePanel 控件,控件 onselectedindexchanged="ddldept_SelectedIndexChanged"的局部刷新如下:

  <asp:UpdatePanel ID="UpdatePanel1" runat="server">
  <ContentTemplate>
    所在学院:<asp:DropDownList runat="server" ID="ddldept"
    onselectedindexchanged="ddldept_SelectedIndexChanged" AutoPostBack="True"
    DataSourceID="SqlDataSource1" DataTextField="Dept_Name"
    DataValueField="Dept_ID">
    </asp:DropDownList> 选择专业:<asp:DropDownList runat="server" ID="ddlmajor"
    Width="100px" DataSourceID="SqlDataSource2" DataTextField="Major_Name"
    DataValueField="Major_ID">
    </asp:DropDownList>
    <asp:SqlDataSource ID="SqlDataSource1" runat="server"
    ConnectionString="<%$ ConnectionStrings:ForumDBConnectionString %>"
    SelectCommand="SELECT * FROM [Department]"></asp:SqlDataSource>
    <asp:SqlDataSource ID="SqlDataSource2" runat="server"
    ConnectionString="<%$ ConnectionStrings:ForumDBConnectionString2 %>"

SelectCommand="SELECT * FROM [Major]"></asp：SqlDataSource>
      </ContentTemplate>
   </asp：UpdatePanel>
（3）在浏览器中查看程序，在页面中选择学院之前先输入密码等信息，然后选择学院与专业，页面并没有整体提交，因此，密码框中的值可以保留，如图11-1所示。

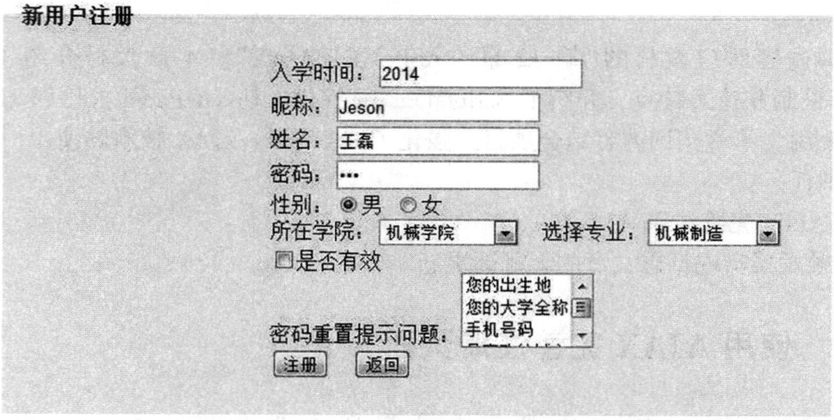

图 11-1　注册页面的局部刷新

（4）实现页面的局部刷新并不会影响"注册"按钮等控件的事件逻辑，这里不再重复。

任务 11-2　使用触发器控制页面的局部刷新

在项目中经常会修改页面数据，例如，在个人主页中修改个人信息，在文章编辑中修改日志文章以及在后台管理中，管理用户和文章信息等在修改数据后需要重新提交页面，整体提交页面会降低程序运行的效率，因此可以采用 AJAX 技术，使数据更新只发生在局部页面中。下面以个人日志文章修改为例，使用 UpdatePanel 控件的触发器，控制数据更新的局部页面提交。

（1）在<form id="form1" runat="server">标签后添加 ScriptManager 控件：

<asp：ScriptManager ID="ScriptManager1" runat="server"></asp：ScriptManager>

（2）添加 UpdatePanel 控件，并使用触发器 Triggers：

<fieldset>
   <legend>发表/编辑文章</legend>
   <asp：UpdatePanel ID="UpdatePanel1" runat="server">
   <ContentTemplate>
   <ul style="list-style-type：none；margin-bottom：0px；">
     <li>文章标题<asp：TextBox runat="server" ID="txtTitle" Width="340px">
     </asp：TextBox></li>
      <li>文章类型<asp：DropDownList runat="server" ID="ddlYJWZLX" Width="180px" AutoPostBack="true"></asp：DropDownList>

  <asp：DropDownList runat="server" ID="ddlEJWZLX" Width="118px"></asp：DropDownList></li>
　　　<li><asp：TextBox runat="server" ID="txtWZNR" TextMode="MultiLine" Width="410" Height="173px"></asp：TextBox></li>
　　　<li><span id="Span1" runat="server" style="display：inline-block；width：210px；">
　　　<Triggers>
　　　<asp：AsyncPostBackTrigger ControlID="btnUpDate" />
　　　</Triggers>
　　</asp：UpdatePanel>
　　</span>
　　<asp：Button runat="server" ID="btnPublish" Text="发表" /> <asp：Button
　　　runat="server" ID="btnUpDate" Text="修改" onclick="btnUpDate_Click" />
 <asp：Button runat="server" ID="btnDel" Text="删除" onclick="btnDel_Click"/>
</li>
　</ul>
</fieldset>

（3）AJAX 控件的使用不会影响"修改"按钮单击事件的逻辑执行，因此这里不再重复该事件的逻辑。

通过使用 UpdatePanel 控件的 Triggers，使得在更新面板 UpdatePanel 控件之外的"修改"按钮，在执行单击事件时只局部刷新页面，从而提高了程序处理效率。

练 习 11

使用 ASP.NET AJAX 技术完善个人信息修改页面、后台文章与用户管理页面，使之实现页面的局部刷新。

附录 实训项目SQL Server数据库表格结构与说明

附表1　　　　　　　　　　　　　日志文章的 Article 表

字段	类型	备注
Article_ID	int	PK,日志的 ID 号
ArticleType_ID	int	FK,日志所属的一级分类的 ID 号
Stu_ID	int	FK,日志的发表者 ID 号
Article_Title	varchar(100)	Not Null,日志的题目
Article_Content	text	Not Null,日志的内容
Article_SecondType	varchar(50)	Not Null,日志所属的二级类型
Article_PublishTime	date	Not Null,自动获取 getdate(),日志发表时间
Article_IsValid	bit	日志的有效性

附表2　　　　　　　　　　　　日志文章类型的 ArticleType 表

字段	类型	备注
ArticleType_ID	int	PK,日志文章的类型 ID
Article_Name	varchar(50)	Not Null,日志文章类型的名称
ArticleType_FirstType	varchar(50)	Not Null,日志文章的上一级类型的 ID

附表3　　　　　　　　　　　　　学院信息 Department 表

字段	类型	备注
Dept_ID	int	PK,学院 ID 号
Dept_Name	varchar(50)	Not Null,学院名称
Dept_Location	varchar(50)	学院位置

附表4　　　　　　　　　　　　　　专业信息 Major 表

字段	类型	备注
Major_ID	int	PK,专业 ID 号
Major_Name	varchar(50)	Not Null,专业名称
Major_Dept	int	FK,开设学院 ID 号

附表 5　　　　　　　　　　　　　　　管理员 Manager 表

字段	类型	备注
Admin_ID	int	PK,管理员账号 ID
Admin_PassWord	varchar(50)	Not Null,管理员密码
Admin_Name	varchar(50)	Not Null,管理员姓名

附表 6　　　　　　　　　用于密码重置的问题提示表 PassWordReset 表

字段	类型	备注
PWDRset_ID	int	PK,重置问题的 ID 号
PWDRest_Content	varchar(100)	重置问题的内容

附表 7　　　　　　　　　　注册用户即学生信息表 StuInfo 表

字段	类型	备注
Stu_ID	int	PK,注册者(即学生)的注册 ID 号
Stu_Gender	char(10)	学生性别
Stu_Name	varchar(50)	Not Null,学生姓名
Stu_PassWord	varchar(50)	Not Null,账号登录密码
Stu_Dept	int	所在学院 ID 号
Stu_Major	int	所学专业 ID 号
Stu_PetName	varchar(50)	Not Null,登录系统的昵称(账号)
Stu_IsValid	bit	注册者(学生)的身份有效性
Stu_EnrolmentYear	char(10)	入学时间

参考文献

[1] 张万军,方绪健. ASP. NET 案例教程实训指导[M]. 北京:清华大学出版社,北京交通大学出版社,2010.

[2] 崔淼,关六三,彭韦. ASP. NET 程序设计教程(C#版)上机指导与习题解答(第2版)[M]. 北京:清华大学出版社,2014.

[3] 佘东,张前进,胡晓明. ASP. NET 程序设计[M]. 北京:中国水利水电出版社,2013.

[4] 王振武. C# Web 程序设计[M]. 北京:清华大学出版社,2012.

[5] 郭兴峰,张露,刘文昌. ASP. NET 3.5 动态网站开发基础教程(C#2008 篇)[M]. 北京:清华大学出版社,2010.

[6] 明日科技. ASP. NET 从入门到精通(第3版)[M]. 北京:清华大学出版社,2012.

[7] 沈士根,汪承炎,许小东. Web 程序设计——ASP. NET 上机实验指导(第2版)[M]. 北京:清华大学出版社,2014.

[8] 陈作聪,尹辉,赵新娟. Web 程序设计——ASP. NET 上机实验指导[M]. 北京:清华大学出版社,2013.

[9] Bill Evjen, Scott Hanselman, Devin Rader. ASP. NET 3.5 高级编程(第5版)[M]. 杨浩,译. 北京:清华大学出版社,2008.

[10] 刘西杰,柳林. HTML、CSS、JavaScript 网页制作从入门到精通[M]. 北京:人民邮电出版社,2012.

[11] 李东博. HTML5+CSS3 从入门到精通[M]. 北京:清华大学出版社,2013.

[12] Mathew MacDonald, Adam Freeman, Mario Szpuszta. ASP. NET 4 高级程序设计(第4版)[M]. 博思工作室,译. 北京:人民邮电出版社,2011.

[13] 华夏,陈新寓. ASP. NET 案例实训教程[M]. 北京:科学出版社,北京科海电子出版社,2009.

[14] Scott Mitchell. ASP. NET 4 入门经典[M]. 陈武,袁国忠,译. 北京:人民邮电出版社,2011.

[15] 林菲,孙勇. ASP. NET 案例教程(修订版)[M]. 北京:清华大学出版社,北京交通大学出版社,2011.

[16] 陈作聪,王永皎,程凤娟. Web 程序设计——ASP. NET 网站开发[M]. 北京:清华大学出版社,2012.

[17] http://msdn.microsoft.com.

[18] http://www.w3school.com.cn.

[19] http://www.csdn.net.

[20] http://www.cnblogs.com/.

[21] Xiaohong Wang, Yajing Liu, Zheng Wang, et al. Design and Development of the Urban

Water Supply Pipe Network Information System Based on GIS[C]. Advances in Civil and Industrial Engineering (Part3): Applied Mechanics and Materials, 2014, Vol(580-583): 2251-2255.

[22] Zheng Wang, Xiaohong Wang. Study on Methods of Urgent Refuge Planning Based on GIS[C]. Applied Mechanics and Materials, 2013, 3: 2389-2393.

[23] Xiaohong Wang, Yajing Liu, Lina Guo. The Invasive Species Risk Assessment and Prediction System Based on GIS[C]. Environmental Technology and Resource Utilization II: Applied Mechanics and Materials, 2014, Vol(675-677): 1052-1055.